JN077348

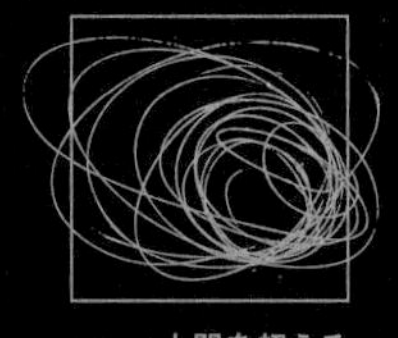

シリーズ 人間を超える

モア・ザン・ヒューマン

マルチスピーシーズ人類学と環境人文学

奥野克巳／近藤祉秋／ナターシャ・ファイン［編］

以文社

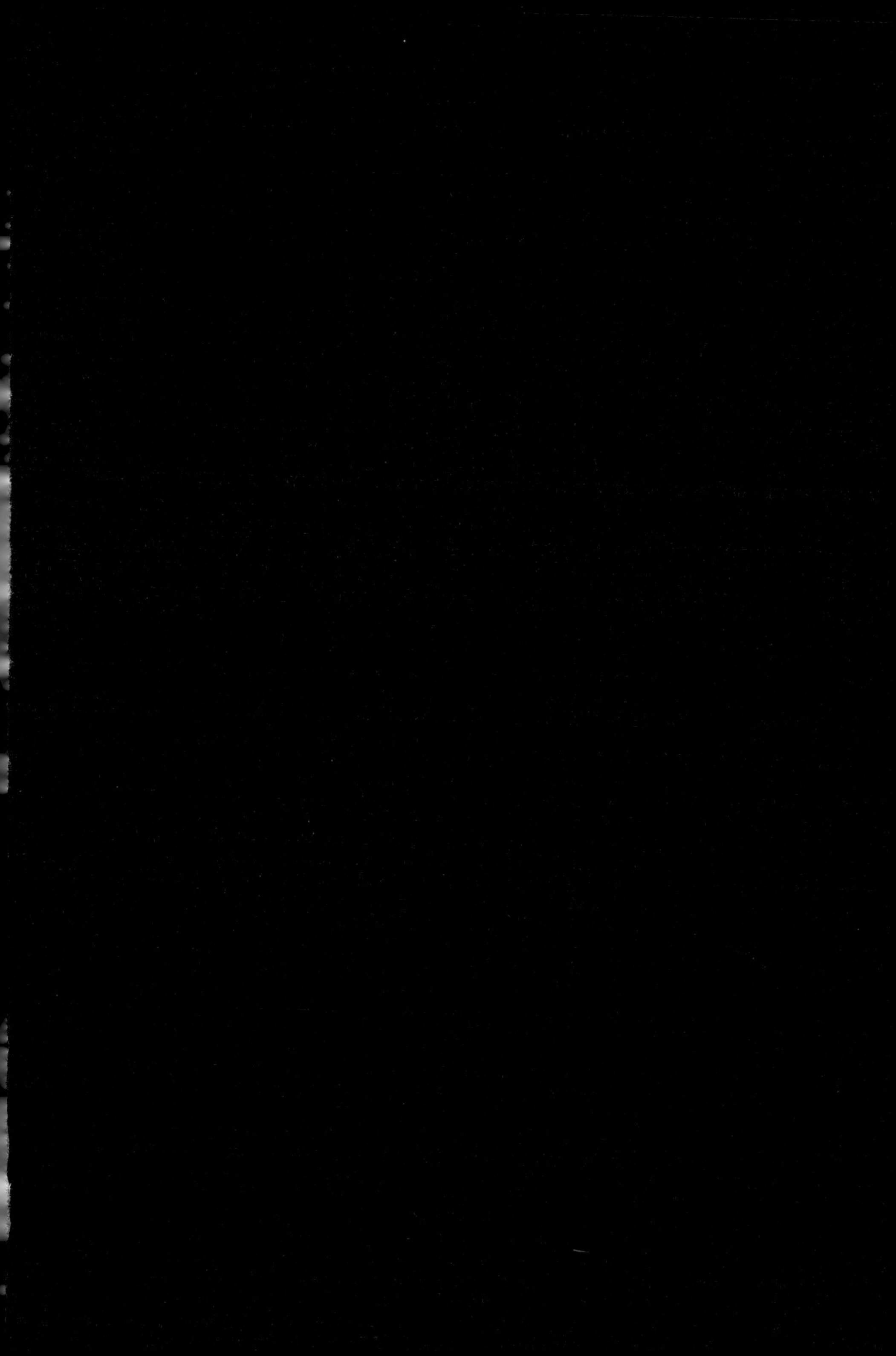

モア・ザン・ヒューマン　目次

第二部　人間的なるものを超えた人類学の未来

凡例

* 本書はwebサイト「ÉKRITS〈エクリ〉design / experience / architecture」に連載・公開された「More-Than-Human モア・ザン・ヒューマン マルチスピーシーズ／環境人文学からの展望」シリーズ（監修：奥野克巳、近藤祉秋、ナターシャ・ファイン）が初出であり（https://ekrits.jp/more-than-human/）、書籍化にあたり、一部訂正・加筆を施した。
* 本書の文献表記は、原則として日本文化人類学会発行の『文化人類学』執筆細則（付則1、付則2）を参考の上、必要に応じて適宜改変し統一を行った。
* 注釈・文献に関して、「序論」「あとがき」は本文の後に一括してまとめ、文中内で引用元を示した。また、各章（インタビュー）は傍注とした。

モア・ザン・ヒューマン——マルチスピーシーズ人類学と環境人文学

序論　モア・ザン・ヒューマン

――人新世の時代における マルチスピーシーズ民族誌と環境人文学

奥野克巳

1　非人間のエージェンシーをめぐる作家と演出家の対話

作家・五木寛之は、あるエッセイ集の中で、ロシアで活躍したユダヤ系の演出家ユーリー・リュビーモフ（一九一七―二〇一四）との対話を回想している。リュビーモフが来日して、東京で『ハムレット』を上演し、五木はその斬新な演出にショックを受けた。芝居の終わった後に、舞台の端に腰かけて短い時間対談を行った時に五木が呟いた言葉を、リュビーモフは鋭く聞きつけたという。詰問するような口調で、「五木さん、あなたは人間も蟻も豚もみんな同じようなものだ、と考えているのですか」と問い返してきたので、一瞬ギョッとしたと五木は述べている（五木 2015: 109）。

しかし、考えてみると、人間の生命というものと、蟻の生命と豚の生命、その間に優劣の差なんかはない。どこか心のなかでそう思っていたので、私は頷いて言いました。

「人間も蟻も、一個の生命という意味では同じだと思います」

するとかれはものすごくあきれ果てた表情で、

「人間と蟻とは違います」

と言い、その後、話はなかなか発展しませんでした。

私たちが「山川草木悉皆仏性」と感じ、野も山も、あるいは森も川もすべてに命がある、水にも命がある、虫にも命があると考えることは、彼にとってはいわば大変前近代的な考えと思えたのでしょう（五木 2015: 109）。

五木は、アリやブタの生命に対する自分の考え方が前近代的な古臭い考え方だと思われたことに忸怩たる思いを抱いたようである。エッセイの中では彼はそこから逆に、今こそこうした考え方が意味を持つはずだと切り返している。五木は、生命学、分子生物学の研究者と話している時に、木の葉にも、虫にも、人間にもすべてのものに生命があり、生命という意味において平等であるという考え方は、DNAあるいは遺伝子とかゲノムという考え方においては常識だと言われたことを思い出している。続いて、「そんなことは、じつは科学の応援を待つことなく、私たちが何千年も前から感じていたことではなかったのか」（五木 2015: 111）と自問する。人間と同様に、アリにもブタにも生命があって、その間に優劣の差などないということは、日本人にとっては、今さらとりたてて言うまでもないことだったことに五木は気づく。

ところで、二〇〇〇年代に入って、人類学では「マルチスピーシーズ民族誌」という研究ジャンルが登場し、その後二〇一〇年代になると盛んに研究が行われるようになってきている（国内のマルチスピーシーズ関連書籍は、奥野・シンジルト・MOSA共編 2021; 近藤・吉田共編 2021）。自らの歴史と政治を持つ生ある存在としてスピーシーズ（種）たちが、人類学の文献の中に登場し始めたのである。こうした新たな研究展開を眺めながらティム・インゴルドは、五木と同じように、そんなことは今さらとりたてて言うことでもあるまいと、マルチスピーシーズ民族誌に批判的である。

物質文化の理論家たちには長らく無視されてきたのだけれども、もう何世代にもわたって、狩猟民や農耕民、牧畜民の文献のページの中には、「間違ったたぐいの非人間たち」が大股で歩き続けてきたのだと述べて、マルチスピーシーズ民族誌は時代錯誤的だと、インゴルドは主張する（Ingold 2013: 19）。インゴルドの批判は、リュビーモフの詰問に違和感を抱いた五木の側に立てば、正しいことなのかもしれない。

そうだとすれば、インゴルドが言うように、古典的な民族誌の中には人間のように振る舞う生きものがさんざん語られてきたことに対して、あえて今、非人間たち、多種を取り上げて語り出さねばならないのはなぜなのだろうかという点が問われなければならないことになる。五木が感じたように、人間とアリとブタは同様の存在だと見ないようなリュビーモフのような西洋の知性に対して、日本人や非西洋の狩猟民、農耕民、牧畜民などに古くからある考えを持ち出して、反論したり対話したりするということではあるまい。

本序論では、本書に掲載されているマルチスピーシーズ人類学者、社会人類学者、環境人文学者（文学研究者、哲学者）へのインタビューに先立って、今世紀になって新たな研究ジャンルとして創発し、近年富みに研究が活発化してきているマルチスピーシーズ民族誌を取り上げて、その誕生や特徴を紹介し、それをより広い「環境人文学（Environmental Humanities）」という、同じように新しく立ち上がってきた学問横断的な領域に結びつけてみることで、本書が扱う学問領域の研究動向と展望を概観してみようと思う。マルチスピーシーズ民族誌の中へ、そして最後に外へ、環境人文学へと出ていくという流れの中に、本書が扱うモア・ザン・ヒューマン（人間以上）という研究領域の全体像を示してみたい。

2　人新世の時代におけるマルチスピーシーズ民族誌

2-1　地球の環境変動に対して及ぼされた人間の力

多種（マルチスピーシーズ）をフィールドワークに基づいて調査研究するマルチスピーシーズ民族誌が現われたのは、二一世紀のゼロ年代のことであった（カークセイ＋ヘルムライヒ 2017）。それは、二〇〇〇年に、地球上にこれまで存在した夥しい数の生物種のうち唯一の種としての人間の活動が地質学的な次元で地球に影響を与えていることを示す「人新世（Anthropocene）」というアイデアが示され、その後、その用語に発する問いが、とりわけ欧米で広がりつつあった時期に重なる。

人新世は、「オゾン・ホール」のメカニズムの研究によって一九九五年にノーベル化学賞を受賞したパウル・クルッツェンが、二〇〇〇年のメキシコでの「IGBP（地球圏・生物圏国際共同プログラム International Geosphere-Biosphere Programmes）」の会議の中で、従来の地質年代「完新世（Holocene）」に代えて、新しい地質年代として提唱した用語である。それは、高名な科学者の若干軽卒といえなくもない発言（吉川 2018: 165）だったという見方があるが、寺田とナイルズによれば、それ以前の、「GECプログラムズ（地球環境科学における国際共同研究 Global Environmental Change Programme）」と呼ばれる、地球システム科学をめぐる巨大な国際共同研究ネットワークの中で、科学をめぐる政治におけるレトリックの力を意識した発言であった（寺田、ナイルズ 2021）。

古環境学では、雪が降り積もって圧縮された「氷床」に様々な降下物や空気がパックされた「氷床コア」を、ボーリングによって取り出すことで、地球環境の調査研究を進めてきた。一九九〇年代になると、過去四〇万年分の二酸化炭素とメタンの含有量のデータが得られて、一〇万年単位で地球が「氷期」と「間氷期」を繰り返してきたことが裏付けられるようになった。こうしたことから、地球の温度の経年変化のパターンが解明され、地球上に人間活動が存在しなかった時点での地球の振る舞いが浮かび上がったのである。そのことから逆に、現在の地球がどのように人間活動の影響を受けているのかが明らかにされる道筋が示されるようになった。

かつては、地球の環境変動は、太陽からの放射を外部からの力として形成される「地球システム」だと説明されていた（オダム 1991）。それに対して、一九九〇年代に入ってからの古環境学の研究は、地球の環境変動が、それ以外の要因、すなわち人間の活動によって引き起こされていることを明らかにしたのである。言い換えれば、地球のグローバルな環境変動に対して単一の生物種である人間の活動が「力」を持っているということが、科学的なデータによって示されたのである（寺田、ナイルズ 2021: 38-40）。

人新世という問題提起に対しては、その後、人文学から様々な応答があり、思索が行われ、議論が立ち上がってきている（例えば、塩田弘・松永京子ほか編 2017; Heise, Christensen and Niemann [eds.] 2017; 大村・湖中編 2020）。寺田とナイルズはいう。「人文からの視点とは人々の視点であり、人々の多様な世界観の視点である［…］たしかに、人新世と表現しえる巨大なシステムが地球全体を覆っているかにみえるが、一方で人間の世界においては依然としてさまざまなシステムや世界観が在地には存在する。それらと人新世をどう接続するのかを考えるのは人文に関する学の課題である」（寺田、ナイルズ 2021: 51）。寺田らが述べるように、人新世が人間世界の多様な価値観にどう関わるのかというのが、人文学の課題だというのは確かである。

2-2　一種から多種への視点移動

本書で取り上げるマルチスピーシーズ民族誌もまた、人新世が提起した問題意識への応答であったということができる。それは、人間世界の多様な価値観にも関わるが、必ずしもそれだけではない人文学の一分野である人類学からの応答の一つである。

近藤祉秋によれば、「マルチスピーシーズ人類学が生まれてきた背景には「人新世」という時代認識がある」（近藤 2021: 97）。「人新世の状況を生み出したのが人間例外主義に基づく自然環境の搾取なのだとすれば、人間以外の存在が持つ行為主体性に光を当てて民族誌的記述を進めていくことは、人間例外主義を乗り越えるための手段として構想されうる」（近藤 2021: 97）。人間は、自らが他の生きものに比べて例外的な存在であると自認した上で、自然から奪い取れるものを奪い取り、好き勝手に振る舞ってきた結果として、地球が深く傷つけられてしまったのだとすると、人間以外の存在を行為主体として取り上げて調査研究をすることは、人新世の時代に人間例外主義を乗り越えるための一つの方策になりうるだろうというのだ。

そうした問題意識を持つ研究ジャンルの一つが、マルチスピーシーズ民族誌である。以下では、人新世に触発されたマルチスピーシーズ民族誌研究の幾つかを紹介しよう。

アナ・チンは、人新世が、人類の出現ではなく、資本主義という人間活動の活性化によって始まったという歴史認識自体は、「進歩」の概念に支えられていると見ている。その概念は、私たち人間は将来を見通すことができるのだが、他の生きものは「その日暮らし」で、私たち人間に依存しているという考えに結びつく。「進歩を通じて人間が形成されると想像するかぎり、人間以外の存在は、この仮想の枠組みのなかに押しとどめられたままである」（チン 2019: 30）。

しかし、その前進する歩みの中から一歩退いてみれば、別の時間パターンが存在することに気づくことになる。「生きるものはそれぞれ、季節ごとの成長、繁殖、地理的移動を通じて、世界を作りなおしている。いかなる種であっても、複数の時間制作プロジェクトが存在し、生物がたがいに協力しあい、協働して景観を作っている」（チン 2019: 31)。こう述べてチンは、人新世の「人類」の持つ陰の部分、すなわち人間と人間以外の存在による、マルチスピーシーズが営む「世界制作」に踏み込んでいくことを提唱している(チン 2019: 32-3)。「ほかの種の生活に覆いかぶさって拡大していこうとする生き方に魅了され、研究者は、ほかになにがおこっているのかを問うことを怠ってきた」(チン 2019: 33)のであり、進歩する人類という前提から視点移動して、多種が営む世界制作に目を向けることによって、私たちの惑星が変化してきたことに気づくべきだという。

ホアグ、ベルトーニとブバントは、人間の活動によって大きく攪乱された「人新世的な廃墟」であり、現在は自然・文化遺産として保護されている、デンマークの廃棄物処理・リサイクル施設で近年、人間以外の生物が予想外に増えていることに注目している。彼らは、人間中心主義的に組み立てられていた従来の「ドメスティケーション」論を斥けて、マルチスピーシーズ民族誌の中に「荒れ地の政治生態学」を描き出そうとしている。そこでは、人間によるプロジェクトが、「人間以上」の生命によって再構成されるとともに、種、政治、資源、技術が新たに組み直されていく。ホアグらは「非ドメスティケーション」と呼ぶプロセスによって、特定の種が生き残り、他の種が消えていくという人新世以後の生命の世界に目を向けている(Hoag, Bertoni and Bubandt 2018)。

テイラーとパッシニ=ケッチャバウは、人新世の物語は概して、私たち人間に見える範囲での生きものを取り上げる傾向にあるという。それに対して、「微生物存在論」は、ミミズやアリたちが生きる地下世界における強力なエージェンシー(行為主体性)とその重要性を考える上で役立つという。人間は自分たちと同じような大きさの動物には関心を向けるが、微生物への関心を抱くことは少ない。地下世界では、何兆匹ものミミズやアリが、私たち人間が地表で行い、目撃しているショーを演出してくれている。つまり、微生物やバクテリアの舞台裏での代謝が、地上という表舞台での生や活動を可能にする条件を創り出している。人新世の多くの物語は、人間例外主義を繰り返し強調する傾向にあるが、人間の生は、ミミズやアリや微生物のような、小さくて見過ごされたり、目に見えないほど小さい生物に依存しているという事実を軽視すべきではないと、ティラーらはいう(Taylor and Pacini-Ketchabaw 2015)。

今しがた見たように、チンは、人新世を支えている人類の進歩思想から一歩引いて、多種が絡まり合いながら生み出している世界制作に目を向け、ホアグらは、人新世的な廃墟で新たな世界が、人間を超えた存在によって再編成される過程に注目し、ティラーらは、人新世では人間と同じ大きさの生きものにしか目が向けられないが、人間に見えないところで微生物やバクテリアなどの代謝活動が人間の生を可能にする条件を創造する過程に着目する。

これらのマルチスピーシーズ民族誌に共通するのは、人新世によってフォーカスされた人間という「単一の生物種」ではなく、人間以外の「複数の生物種」が協同して世界を作り上げたり、自律的に相互に関係を結んで世界を再編したり、人間の生を可能にする条件に目を向けることによって、人間と人間以外の生物種が生み出す世界を描き出し、考察検討しようとする態度である。マルチスピーシーズ民族誌は、科学技術や政治経済体制が地球の隅々を覆い尽くす中で、その活動が破壊的な力を持つとされる、人間という単一種から、動植物や微生物といった生物種が、人間の支配や制御のもとで、あるいはそれらから逃れて、行為主体として、多種の絡まり合いの中で生存と繁栄を築いてきたことへと視点を移動させたのである。

2-3　マルチスピーシーズ民族誌の誕生の背景

オーストラリアの環境哲学・エコフェミニズム研究者ヴァル・プラムウッドは、心を持った非人間について書くことの大切さを訴えている(Plumwood 2009)。「作家とは、私たちに別の考え方をさせてくれる最も優れた存在のうちの一つ」であり、「私たちは、力強く、行為主体的で、創造的なものとしての自然の経験にオープンになり、私たちの文化の中に生き生きとした感性と語彙のためのスペースを作ることが重要なのです」。このプラムウッドの提言に触発されて、人類学者デボラ・バード・ローズは、人新世という環境変動が問題とされている時代に書くことの役割を強く意識しながら、「私たちの文化を揺さぶり、世界やその内側での私たちの居場所についての新たな、かつより生き生きとした理解と、私たちを多種の共同体（multispecies communities）に結びつける状況的なつながりへと私たちを目覚めさせることができる種類の文」を書かねばならないのだと宣言している（Rose 2009）。つまり、人新世の時代に、人類を「多種の共同体」に結びつける状況化されたつながりに目を向け、「人新世の時代に書くこと」が目指されなければならないというのだ。

人新世の時代に、「人間」の行動や「人間社会」の動きを探るというのではない。人間と多種とのつながりを見直さなければならない。それが、マルチスピーシーズ民族誌特有の問題意識である。マルチスピーシーズ民族誌はこのようにして、人新世によってもたらされた問題意識に触発されながら、多種をめぐる研究を発動させてきた。しかし、そのことがマルチスピーシーズ民族誌誕生の唯一の背景であったわけではない。その誕生にはより複合的な流れがあった。

山田仁史は、マルチスピーシーズ民族誌の登場には、上述した、人新世の問題提起に対する応答に加えて、さらに二つの背景があったのではないかと推察する（山田 2016）。その一つは、二〇世紀後半には「自文化中心主義」に続いて「ヨーロッパ中心主義」の乗り越えが目指されたが、その次に今「人間中心主義」が乗り越えられねばならないとする、私たちの生きている時代の精神である。自文化中心主義は二〇世紀の「文化相対主義」によって、ヨーロッパ中心主義は「ポストコロニアル思想／理論」によって、その乗り越えが目指されてきた。それに対して、人間中心主義をいかに乗り越えるのかというテーマは、すでに述べたように、マルチスピーシーズ民族誌の発展の大きな駆動力になってきた（Kirksey［ed.］2014; カークセイ＋ヘルムライヒ 2017: 103; ハイザ 2017:206-7; Locke 2018; チン 2019:241-2）。

オグデンらが述べるように、「マルチスピーシーズ民族誌は、非人間の行為主体性への注意によって特徴づけられる。石、植物、鳥、蜂は、世界を変える力を有している」（Ogden, Hall & Tanita 2013: 16）。こうした非人間のエージェンシーへの着目は、人間中心主義の乗り越えと表裏の関係にあるのだといえよう。

山田のいうもう一つの背景は、クローンや遺伝子操作による科学技術の進歩によって今日、生命観だけでなく、種そのもののあり方が揺らいでいることである。まとめると、(1)人新世の時代に人間と多種との関係を見直さなければならないとする問題意識、(2)人間中心主義の乗り越え、(3)科学技術の進歩によって種のあり方が揺らいでいること、という三つの流れが、概ねマルチスピーシーズ民族誌の誕生の背景にあったのだといえよう（山田 2016: 126）。マルチスピーシーズ民族誌が生み落とされた背景には、こうした複合的な要因があった。

3　多種の絡まり合い

3-1　人間-動物関係から多種の絡まり合いへ

すでに見たように、マルチスピーシーズ民族誌は、人間という一種から多種へと視点移動した。そこには、人間だけでなく、あらゆる生物種は、他の種や環境から孤立して存在するのではなく、それらとの関係をつうじて生きてきた（いる）とする考えがある。そのアイデアを端的に示すのが、「絡まり合い（entanglement）」という語である。絡まり合いとは、人間と人間以外の多種、あるいは人間を含む多種どうしが働きかけたり働きかけられたりして、特定の関係性が継続したり断続したり途切れたりしながら生み出される現象のことである（コーン 2016; Kirksey [ed.] 2014; van Dooren et al 2016; カークセイ＋ヘルムライヒ 2017:96; チン 2019）。

マルチスピーシーズ民族誌では、人間と他の一種が絡まり合う場合もあるが、多種多様な存在の絡まり合いが扱われる傾向にある。人とアリ、人とブタなどの、多くの場合、一対一の「人間‐動物」関係から、多種多様な存在の絡まり合いへの関心の移行がなされてきた（cf. van Dooren et al 2016: 5）。そうした移行の背景には、生物学や生態学で多種への視点が取り入れられてきたことや、政治哲学において「群れ」や「マルチチュード」が取り上げられてきたことなどがあるとされる（カークセイ＋ヘルムライヒ 2017: 97）。

重要な点は、二者が相互作用するのではなく、多種が絡まり合うさまに注目することで、自然／文化という二元論思考の乗り越えが視野に入っていることにある。メリッサとロビンソンがいうように、「マルチスピーシーズ民族誌は、人間‐動物の相互関係の「人間」の側面から個の強調を移し、自然／文化の世界を見る伝統的な二項対立的なアプローチを曖昧にしたり、かつ／あるいは排除したりするような関わり方を培う」（Melissa and Robinson 2020: 460; cf. Locke 2018）。

これに関連して、人間と動物を主体と客体として素朴に捉えてしまう「人間‐動物」の関係研究を、マルチスピーシーズ民族誌の側から突いたのが、マリソル・デ・ラ・カデナである（De la Cadena 2015）。彼女は、後にレーン・ウィラースレフの研究に継承された、インゴルドの「住まうことの視点（dwelling perspective）」を批判的に検討している。民族誌研究において他者あるいは他者の実践を「真剣に受け取る（taking seriously）」とは、「住まう者であるがゆえに建てなければならない」というハイデガーの言葉を引いて、インゴルドが「建築の視点」に対置させた「住まうことの視点」から観察・記述する態度である（Ingold 2000:189）。ウィラースレフは、「住まうことの視点」を用いて、シベリアの狩猟民ユカギールにおける「人間‐動物」の関係を詳細に記述検討している（ウィラースレフ 2018）。デ・ラ・カデナは、インゴルドやウィラースレフが採用する「住まうことの視点」には、主体と客体という二項が前提されていると見る。

デ・ラ・カデナが「住まうことの視点」に対置するのが、ペルーのパクチャンタの村人たちの「アイユ（*ayllu*）」

である。彼らは山々を、感覚を持つ存在である「地のものたち（*tirakuna*）」と呼ぶ。人々にとって、現代の露天採鉱はたんなる自然破壊ではなく、感覚的存在者である山々と人間、動植物がともに暮らす世界の破壊である。ダイナマイトで岩石を吹き飛ばす現代の鉱山開発によって、山、川、人間、動植物などが暮らす場であるアイユが破壊されてしまう。アイユでは、山、川、作物、種子、羊、アルパカ、ラマ、大地などが常に相互に気づかい合う「アイワイ（*uyway*）」が日常的に実践されている（De la Cadena 2015）。

インゴルドのいう「住まう」とケチュア語の「アイワイ」は似ていると、デ・ラ・カデナはいう。しかし、彼女によれば、「住まうことの視点」は、「関係に先立って主体と客体が存在する」（De la Cadena 2015: 103）点で不十分である。他方で、「アイワイ」では、多種は、常に相互に気づかい合いながら創発し、生起する。

つまり、アイワイでは、関係が存在のあり方を規定する。そこでは、人間と動物、文化と自然、主体と客体があらかじめ存在するわけではない。人間と動物という二項を設定した研究枠組みでは、主体と客体があらかじめ存在する。そこから踏み込んで、主客が入り乱れる多種の絡まり合いの中で紡ぎ出される関係から存在のあり方を探っていくならば、「人間－動物」の関係という枠組みの中に前提されていた境界線を溶かしていくことができるだろう。

3-2　人間－生成、縁起、動的共同体

絡まり合いとは、主体がいつの間にか客体となり、ふたたび主体になる……という恒久的な生成過程のことである。その意味で、マルチスピーシーズ民族誌は、従前の人間観を刷新しようとしている。固有性・単一性・実体性を有する「人間－存在（human beings）」ではなく、多種や環境と絡まり合いながら、個体としての本性を持つことなく、刹那刹那に生成する「人間－生成（human becoming）」であることが強調される。「マルチスピーシーズ民族誌を方向づける鍵となる問いは、「人間の本質とは何か?」ではなく、「人間生成とは何か?」である」（Kirksey,

Schetze and Helmreich 2014: 2)。

個体Aと個体Bと個体Cが相互作用し、絡まり合うというのではない。絡まり合うことによって、AなりBなりCなりが生成する。人間、動物、植物、細菌、ウイルスなどは、それぞれが孤立して生じ、死滅するのではなく、食べ食べられ、使役し使役され、影響を与え与えられて、相依相関しながら、流転し続ける世界で絡まり合う。

その意味で、絡まり合いとは、相依相関する「縁起」でもある。縁起とは、仏教用語で「縁って生起すること」を意味する。縁起の哲理は、マルチスピーシーズ民族誌で「関係性」として捉えられうるメカニズムをより細密に理解するための手がかりでもある（奥野＋中上 2019: 62）。

このことはまた、「宿主」がいて「共生生物」がいると見るのではなく、生命現象を、ダナ・ハラウェイとともに、多様な結合の仕方の中で、あらゆる個体が互いにとって共生生物でありえるような「動的共生体（holobiant）」として理解することにも重なる（Haraway 2016: 60; 逆巻 2019: 58）。逆巻しとねが述べるように、「動的共同体とは、行為や関係が生成する前に存在するものではなく、複数種の行為のなかで関係が生成し身体が構造化されていく、内的作用（intra-action）そのものである」（逆巻 2019: 59）。

「未分化な細胞が集まった中空の球状コロニーを経由して、単細胞の祖先から動物が進化してきたのだという仮説がある」（Alegado and King 2014: 6）。単細胞生物の中では動物に最も近いとされる、小さな単鞭毛の鞭毛虫である「襟鞭毛虫（えりべんもうちゅう）（Choanoflagellates）」を取り上げてみよう。「襟鞭毛虫は、「襟細胞」あるいは choancytes と呼ばれる、海綿動物の摂食細胞に似た、単細胞でコロニーを形成する鞭毛虫である」（Alegado and King 2014: 4）。

それは、精子のような形状の鞭毛細胞にアクチンを主成分とする微絨毛からなる襟が付いた生物である。捕食の際に襟の部分に細菌などを付着させる。襟鞭毛虫の中には寄り集まって細胞接着したコロニーを形成するものがいる。コロニーとなって襟鞭毛虫は、各個体の機能を分化させて、まるで一つの生物のように振る舞う（逆巻 2019:

59)。

襟鞭毛虫に見られる動的共生体的な生命現象は、「生命とは何であるのか」という問いに本質的に迫る事例である。それは、ハラウェイが述べるような、人類学者マリリン・ストラザーンのいう「部分的なつながり」によって組み立てられている。「お腹を空かせて食事をし、部分的に消化し、部分的に同化し、部分的に変化する」(Haraway 2016: 65) ことによって、生命は生存する。

4　マルチスピーシーズ民族誌の射程

4-1　種から生命論へ

種があらかじめ実体的に存在するのではなく、他の種や環境との絡まり合いの中で生成するという考えは、エドゥアルド・コーンの研究と強く共鳴する部分がある。コーンはかつて、人間の特権的な存在論的地位を揺るがせるために、生命を人類学の中で主題化し、「生命が、現在考えられている生物学以上のものであることを認める」(Kohn 2007: 6) 人類学的な探究のことを「生命の人類学 (anthropology of life)」と呼んだ（本書のファインによる「あとがき」も参照のこと）。

コーンが、C・S・パースを援用しながら述べるように、森の中に住まうあらゆる有機体は、「記号過程 (semiosis)」の結果としての「記号論的自己」である。記号とは、「何かが誰かにとって何かを表すこと」を指す。最初から自己が安定的・自律的に存在しているのではない。樹上のウーリーモンキーが、ヤシの木が倒れる音を聞いて、その場から飛び退く。ウーリーモンキーは、その記号を解釈し、「思考」していたのである。記号過程の結果として、精神や自己、すなわち記号論的自己が生じる（コーン 2016; 奥野 2016: 219）。

小枝のような、アマゾニアの巨大な昆虫ナナフシには「ファスミド（幽霊のような）」という学名が付けられている。そのことは、その虫が、周囲に溶け込む幽霊のような存在であることを示している。それは、捕食者に対するナナフシの擬態に他ならない。ナナフシと小枝を混同することがなかった、つまり、ナナフシと小枝の間に「差異」を見つけたトリなどの捕食者は、そのナナフシを食べたはずである。それとは逆に、捕食者がナナフシと小枝の「差異」に気づかなかった場合、ナナフシは捕食されず、生命をつないでいくことができたはずである。コーンが述べるように、小枝と見分けがつかなかったために、食べられることがなかったナナフシの系統が、後世にまで生き残ったのである（奥野 2016: 217）。

マルチスピーシーズ民族誌を世に送り出した人類学者の一人であるステファン・ヘルムライヒは、海洋微生物学とその研究者たちを扱った異色の民族誌 *Alien Ocean*（『異海』）の中で、生命現象を探るために深海に潜る海洋微生物学者たちの研究とそれを支えそれに支えられる、医学や産業を抱き込んで展開する現代世界を描き出している（Helmreich 2009）。海洋微生物学者は、深海の「熱水噴出孔（hydrothermal vents）」に注目する。熱水噴出孔とは、高温の化学物質が地殻から噴出し、太陽光がなくても生きられる様々な生物の栄養源となっている海底の場所のことである。光合成ではなく、他の多くの生物にとって有害な硫化水素やメタンなどの化学物質からエネルギーを得て有機物を生産する化学合成を行う、熱を好む微生物、すなわち超好熱菌が生息していることで知られている（Helmreich 2009: 68）。

海洋微生物学では、生命は「有機体の境界」から「つながりのネットワーク」へと解き放たれつつある。魚、クラゲ、微生物などが海中に泳いでいるというイメージから、遺伝子のテキストの網に変換されるというパラダイムシフトが進行しており、海洋微生物学者は、遺伝的なプロセスを生態系の網から切り離せないと説明する（Helmreich 2009: 8）。遺伝子配列によって生物進化の過程を遡っていくと、全生物の系統樹の根元のあたりで、コモノート（共通祖先）としての超好熱菌に辿り着く。今から約四〇億年前に、熱水噴出孔の周辺で原始の海中で有機物が濃縮・高分子化されて出現した超好熱菌が、地球最初の生命であったとする説が、現在では有力である（独立行政法人海洋研究開発機構 2012: 104）。

マルチスピーシーズ民族誌の先駆となったこれらの諸研究の深くには、「生命とは何か」という問いが潜んでいた。それらは、より包括的な生命論の可能性につながっている。

シュレディンガーは、あらゆる物理現象が乱雑さや無秩序に向かう「正のエントロピー」に抗して、秩序を維持する「負のエントロピー」を増大させることが生命の本質であると捉えたことはよく知られている（シュレディンガー 2008［1944］）。これに対して、西田幾多郎は、「生命」と題する論文において、「私の所謂主体と環境との矛盾的自己同一的に、時間と空間との矛盾的自己同一的に、全体的一と個物的多との矛盾的自己同一的に、形が形自身を限定する」（小林［編］2020: 466）ことが、生命の定義だとしている。

哲学者・池田嘉昭は、シュレディンガーは「正のエントロピー」が「負のエントロピー」という秩序形成に取って代わる点を見ているだけであったのに対して、西田は、そのからくりを「矛盾的自己同一」にあることに気づいたという（池田 2018: 85）。西田は、それを生命主体と環境との矛盾的自己同一、つまり、「作られたものから作るものへ」と形が形自身を形成する表現作用として理解した上で、環境の中の「正のエントロピー」の逆限定的な「負のエントロピー」と見たのである（池田 2018: 83）。

こうした問いは、マルチスピーシーズ民族誌という研究の枠組みをすでに踏み越えてしまっているが、多種多様な存在の絡まり合いを主題化する上では手放すことができない重要な課題であろう。なぜならば、マルチスピーシーズ民族誌は、人類学という学問の内側で人間という種だけを探究するのではなく、従来の人類学のそうした構えを崩して、人間を含めた種の問題、すなわち生命一般へと乗り出してきているからである。こうした課題は今後、生物学や物理学とともに、またSTSや哲学やその他の人文諸科学とも連携して挑むべきより大きな課題であろう。

4-2 「多」なるプロジェクト

ところで、大石高典は、日本におけるハチと人間の絡まり合いを考察する論考の中で、生態人類学とマルチスピーシーズ民族誌はどのように違うのかを考察している（大石 2021）。生態人類学は、狩猟採集、牧畜、農耕、漁撈などの人間の生業活動や資源利用を扱う中で、多種の関係も含めるが、多くの場合、人間と動植物の関係に焦点をあてて、人間の個体や集団が自然環境との間でいかに関係を築いて、生存を可能にしてきたかの解明を目指す。それに対して大石は、主にチンの研究（チン 2019）を手がかりとして、マルチスピーシーズ民族誌の特徴を探っている。読み取れることの一つは、チンが、世界各地でマツタケが同時多発的に創発する、「種」を越えたつながりを記述していることである。それに加えて大石は、チンの民族誌のもう一つの大きな特徴は、多くの地点をフィールドに調査を行う「マルチサイテッド・アプローチ」を実施していることだと見る。そのことにより、定点的な観察では掬い上げることができない現象を地域相関的に浮かび上がらせているという。

こうした検討を踏まえて大石は、マルチスピーシーズ民族誌を、複数の生物種と複数の場所というつながりの文脈で、これまでの生態・環境に対する経験実証主義的なアプローチを相対化しながら行われる調査研究であると見る。『マツタケ』の邦訳の訳者である赤嶺淳もまた、チンは、複数の場所での調査に加えて、多様なキャリアを持つ複数者の共同研究の重要性も強調していると見ている（赤嶺 2020: 132）。チン自身は、自らの共同研究を振り返って、「民族誌の特質は、調査協力者とともに状況について考察することにある。研究分野は研究の進展とともに発生してくるのであって、研究に着手する以前から存在しているわけではない」（チン 2019: vii）と述べている。この言葉は、マルチスピーシーズ民族誌が、人間を「人間-生成」と捉えるだけでなく、種とその活動を生成論的に捉える方法論と響き合う。「生命が絡まりあう、開かれたアッセンブリッジの様子を描」（チン 2019: vii）いたり、「協働の過程」（チン 2019: viii）を重視したりする「複数性」は、マルチスピーシーズ民族誌という研究ジャンルを支える（静的・実体論的ではなく）動的・生成論的な捉え方に密接に結びついている。

『カルチュラル・アンソロポロジー』誌の特集（Kirksey & Helmreich [eds.] 2010）で最初にマルチスピーシーズ民族誌を取り上げたのは、バイオアートに関心を抱く人類学者であり、マルチスピーシーズ民族誌をアーティストや生物科学者との協働に開いた「マルチスピーシーズ・サロン（Multispecies Salon）」（Kirksey [ed.] 2014）の企画者エベン・カークセイと、海洋微生物と生物学者の調査研究を行った、上述したヘルムライヒであった。その特集では、科学技術の人類学に接続する問題意識のもとに、科学研究や生物保全、公衆衛生、技術開発といった現代的な文脈における人間と自然の関係が扱われた（近藤 2019: 126-7）。「マルチスピーシーズ・サロン」では、マルチスピーシーズ民族誌家はアーティストと協働して、作品を制作する（Kirksey, Schuetze, and Helmreich 2014: 13）。

第五八回ヴェネチア・ビエンナーレの日本館展示「Cosmo-Eggs ｜宇宙の卵」でもまた、異なる領域を背景とする専門家たちの「共異体」的な協働作業によって制作が進められる中で、人間と他の生物種や目に見えない存在者たちが集う「共異体」という、マルチスピーシーズ的なアイデアが提示されている（下道・安野・石倉・能作・服部編 2020）。国内でのマルチスピーシーズ民族誌をめぐるアート関連の顕著な動きとしては、マルチスピーシーズ民族誌家八名がそれぞれフィールドで出会った多種の絡まり合いをマンガ化する試みに乗り出していることである（シンジルト・奥野・MOSA共編 2021）。

このように多種、多数の場所、多数の者、多数な媒体などの「複数性」が、マルチスピーシーズ民族誌に見られる特徴でもある。マルチ（多）であるのは、この研究ジャンルが対象とするスピーシーズ（種）だけではなく、マルチスピーシーズ民族誌が持つ研究活動全般にわたる指針のようなものである。その意味で、マルチスピーシーズ民族誌は、多なる学的領域（人文諸学）の統合に向けて開かれているのだといえよう。

5　モア・ザン・ヒューマンに広がる世界へ

一九七〇年代の環境哲学、一九八〇年代の環境史、一九九〇年代のエコクリティシズム、二〇一〇年代の実在論哲学、マルチスピーシーズ民族誌やアートと人類学などの研究に見られるように、二〇世紀後半から現在にかけて、社会科学を一部含めた人文学の諸領域において、人間の周囲の環境や非人間的存在をめぐって、顕著な研究の進展が見られた。こうした動きは、従来の専門分野の壁を超えた隣接分野との協働というかたちで現れることが多いが、漸次個別に発展した、小さな学際的動きの先に、人文学全体において結わえる大きな領域横断的試みが今日、「環境人文学」として発展してきている（結城 2017; 2018）。

魚類が乱獲され、空気が汚染され、海にはプラスチックの浮島があり、人間の消費によって生み出されるゴミの量が年々増加しているといった環境問題を特定し、説明することは科学者が得意とするが、それらの解決は科学者だけではできないし、政治的・文化的な専門知識が必要になるだろう。自給自足のソーラーハウスを建てることはできても、一般消費者がそれを買うとは限らない。エネルギー効率の高い都市の設計はできるが、建設資源を投入し、そこに住むことを人々に納得させることは、科学だけの問題ではなく、より学際的な課題なのである（Emmett and Nye 2017: 1-2）。そうした認識が、環境人文学の背景には広がっている。

人新世との関わりでは、人間活動の影響が及んでいない環境はもはやなく、人間から切り離したかたちで環境を論じることは意味をなさないという議論の広がりとともに、環境問題を人間の問題として考える方向性が明確に打ち出されていったとされる（結城 2017: 241）。環境人文学は、新しい研究対象や手法を提示するものというものではない。二〇世紀後半以降の小さな学際的動きの中で蓄積されてきた、環境をめぐる人文学的なパースペクティヴが、とりわけ二〇一〇年以降に発展してきているのである（結城 2017: 236）。

マルチスピーシーズ民族誌と環境人文学を跨いで使われる語に「人間以上（more-than-human）」という語がある。「人間以上」の世界とは、「人間の共同体とそれよりも大きな人間以上の世界」（エイブラム 2017: 26）のことであり、学術用語として初めてこの語を用いた、エコクリティシズム研究者ディヴィッド・エイブラムの用語法としては、それは、物質的であるだけでなく、精神的なものを含めた存在や現象のことを指していた。

チンは、彼女の初期の著作では恥ずかしながら、社会的なことを「人間の歴史と関係がある」ことと定義していたことを吐露している。それに続いて、「今では、それはとても奇妙なことのように思える。社会性の概念は、人間と人間でないものを区別しない。「人間以上の社会性（more-than-human sociality）」は両方を含む」（Tsing 2013: 27）と述べている。「人間以上の社会性」という概念は、人間と非人間の両方を含むのである。

チンがそのことに気づくようになったのは、ある菌類学者にインタビューした時からだったという。その研究者に研究内容を尋ねた時、「キノコの社会学（mushroom sociology）」という答えが返ってきた。チンはその後、人間だけでなく、非人間のキノコもまた社会的な存在であると見ることができるようになったという。彼女は、社会生物学者や進化心理学者を慎重に排除しているが、自然の中に社会的なものを見る研究者たちと協働すれば、社会的関係やネットワークをどのように研究するのかをともに考えていくことができるだろうと述べている。今日マルチスピーシーズ民族誌研究の第一人者であるチンにとってさえ、「人間以上の社会性」へと「回心」する契機が必要だったということは、逆に、社会的であることが人間だけに限って語られることが一般には圧倒的に多いという事実を示している。

アスダル、ドルグリトロとヒンクリフもまた、「人間以上」のことを語ることの困難について述べている。「人間は、人間以外の多くの他者との「入り組んだ」事柄や関係で構成されている、つねに「人間以上」の存在であると主張し、「人間以上の条件」に言及する時、私たちは、明らかに哲学思想の鍵となる柱に逆らっている」（Asdal, Druglitrø and Hinchliffe 2016: 4）と、彼らはいう。人間が「人間以上」の存在であると主張することは、哲学の主流の考えに逆らうことになる。

アスダルらは、「人間以上の条件」は、特にハンナ・アレントのいう『人間の条件』との間で緊張関係にあると述べている。アレントは、「人間が経験を有意味なものにすることができるのは、ただ彼らが相互に語り合い、相互に意味づけているからにほかならない」（アレント 1994［1958］：14）と述べ、「言論（スピーチ）の問題が係わっている場合にはいつでも問題は本性上、政治的となる」（アレント 1994［1958］：13）と主張する。

アレントは、人間と非人間の動物は話す能力によって区別され、話すことは「人間」を政治的存在にし、それゆえに政治的共同体のメンバーになるための資格になるという。だから、「人間は、動物のように、モノや受動的な自然の対象として扱われるべきではない。たとえ政治的共同体がまだ存在していなくても、人間は、主体として、共有された共同体への潜在的な貢献者として扱われなければならない」（Asdal, Druglitrø and Hinchliffe 2016: 4）。話し、政治をする人間は、モノや受動的な自然の対象としての動物とは根源的に違うというのが、哲学の主流なのだ。本稿の冒頭で、人間とアリの違いに関するリュビーモフの堅固な考えに触れたが、それは、彼が頑なだったのではなく、広く西洋社会に根を張った考え方だったのではないだろうか。

ふたたびチンの「改心」に戻ろう。彼女が「人間以上の社会性」によって提起しようとしているのは、生物種が人間と同じように社会的に行動すると自然科学者が捉えていることを、社会科学者・人文学者がどのように捉えればいいのかという問いである。彼女は、地上には人間の手が加えられなかった場所がもはや見当たらないとされる人新世の時代において、私たちは、「人間以上の社会性」について知る必要があるし、逆に、人間以外の存在の人間性（社会性）のことを想像し始めるようになったことを手がかりとして、「人間以上の社会性」がどのようなものであるのか探ってみる必要もあるという。「人間以上の社会性」という概念は今日、広く環境人文学界隈で用いられるようになってきており、「人間以上の社会性」をめぐる問いは、社会科学や人文学、自然科学などの垣根を越えてあたらなければならない課題となったのである。

6　マルチスピーシーズ民族誌から環境人文学へ

マルチスピーシーズ民族誌は、人類学の一つの研究ジャンルとして立ち上がってきたが、他方でそれは人類学の中だけに位置づけられる研究群ではなく、環境をめぐる人文諸科学の統合領域としての「環境人文学」において「マルチスピーシーズ研究」という研究カテゴリーによって浸透し、広がりつつある。マルチスピーシーズ研究を包み込みながら、環境人文学は今いったいどのような研究戦略を立てているのだろうか。

環境人文学の論集『ラウトレッジ　環境人文学の手引き』（Heise, Christensen and Niemann［eds.］2019）のウルズラ・ハイザによる序論では、六部からなるその本の構成が概説されている。各部のまとめからマルチスピーシーズ研究を含めて、環境人文学が取り組もうとしている研究の広がりが見えてくる。以下では、それらを手短にまとめながら、環境人文学の研究の方向性の一端を示してみたい。

第一に、人新世を「世界的な家畜化のプロセス」と捉える見方に沿って、これまでのところ、人新世は、生態系の黙示録の別名なのか、生態系の新たな可能性なのか、あるいは人間による自然支配の勝利なのかといった議論がなされてきた。そうした議論を超えていくための研究が今、環境人文学ではなされている。

第二に、人新世という概念の登場によって、人間には生態系を変化させる力があることが強調されたが、そのことは、同時期に環境をめぐる人文学の諸研究で発達してきた潮流に反している。ラトゥールのアクターネットワーク理論やオブジェクト指向存在論、マルチスピーシーズ民族誌などは、人間主体の中心性に哲学的・政治的な懐疑を示すポストヒューマニストの思想として広がってきているからである。人間の力を強調する人新世とそれを疑うポストヒューマニティーズという二つのパラダイムの緊張関係の中に登場してきたのが、環境人文学である。

第三に、人間例外主義を疑問視して、人間と非人間の平等を唱えれば、人間だけが環境破壊の責任を負っているとは言いにくくなる。他方で、植民地主義や人種差別、外国人排斥などを人間特有のやり方だとみなせば、その基準に適合しない者たちは人間以外の領域に追いやられかねない。これらの主張が生み出す問題の複雑化を視野に入れながら、種のエージェンシー（行為主体性）を仮定することで、既存の社会経済的な不平等や地球環境変動への不均質な関与などを隠蔽してしまわないように、環境人文学は、ポストヒューマニスト的な問いを、不平等が蔓延する状況にしっかりと位置づけていかなければならないだろう。

第四に、自然の衰退や絶滅、それらとは逆の自然の回復力や改善のナラティヴは、文化史や価値判断を伴う生態学的事実と複雑に絡まり合っている。環境人文学は、言語や地域によって異なる、環境のナラティヴをめぐる複雑な形態および政治的機能の考察と検討に挑むべきである。

第五に、環境ナラティヴは、芸術やメディアなどによって流通する面が少なからずある。環境人文学は、生態学的プロセスや文化的実践に関する新たに接近可能な統計を用いた部厚い記述などによって、たんにデジタル画像や人工物を研究するだけではなく、デジタルツールや手法を従来の人文学的な手続きに統合していく必要がある。

第六に、環境人文学が今後目指すべきなのは、環境変化への適応、生態的な損失の緩和、新しい社会構造への移行などの実践が伴う、学知の外部のパートナーとの協力関係を築くことである。総合的な視点と分析的な視点、建設的な思考と批判的な思考を促すことが、環境人文学にとって今後の大きな課題だろう。

人新世の時代に環境変動に直面している人類は、人間社会特有の諸課題や科学技術の革新状況を踏まえて、常に多くの複雑な問題を抱えている。環境人文学は、人文諸科学の知識やネットワークを活かして、それらの問題の究明と解決に果敢に乗り出そうとしているのだといえよう。マルチスピーシーズ民族誌は今、人類学の中で生み落とされた特性を活かしつつ、その外側にある統合領域である環境人文学へと乗り込みながら、他の人文学の専門領域や実践家たちと協働して、近未来の研究展望を描き始めている。

本書には、マルチスピーシーズ民族誌および環境人文学という、いずれも二一世紀になって発展・拡大してきた研究領域において、過去一〇年ほどの間に国内外で著しい活動をしてきた九人の研究者に対して、日本国内の研究者および大学院生が行ったインタビューが掲載されている。「第一部　人間と動物、一から多への視点」、「第二部　人間的なるものを超えた人類学の未来」、「第三部　モア・ザン・ヒューマンの人類学から、文学、哲学へ」には、それぞれ三つのインタビューが収められている。加えて、各部の三つのインタビューの後に、総論Ⅰ、Ⅱ、Ⅲと題して本書の監修者と大学院生が、それぞれの部に関して内容を整理しながら理解を深めるために行われた対談の記録が掲載されている。[*1] それらは、インタビュー内容の振り返りと読解として読んでいただきたい。

人間による地球の環境変動が取り沙汰されるようになった今日、人間という単一種から離れて、微生物から昆虫、動植物だけでなく地球外生命にも目を向け、多種の共同体を取り上げてその中に人間を位置づけ直してみることを、民族誌という人類学の強みに拠りながら探っていくのがマルチスピーシーズ民族誌であった。その試みは、人類学という既存の学問の枠だけにもはや収まるものではなくなっている。他方、環境人文学は人間と人間が住まう環境や自然、生物やモノとの関係性を、今日の複雑な政治・経済・社会および科学技術をめぐる文脈の中に位置づけて、既存の人文諸学の垣根を越えて、その近未来的な展望を果敢に切り拓こうとしている。それはマルチスピーシーズ民族誌を含みながら、人新世の時代において今後人文諸学が取り組むべきテーマを明確に示しつつ、諸課題に実質的にあたるための手がかりを与えてくれるだろう。

【日本語参考文献】

赤嶺淳 2020「待ちつづけてみよう――アナ・チン『マツタケ』解題」『たぐい』Vol.2: 126-133、亜紀書房。

アレント、ハンナ 1994［1958］『人間の条件』志水速雄訳、ちくま文庫。

池田嘉昭 2018『西田幾多郎の実在論 AI、アンドロイドはなぜ人間を超えられないのか』明石書店。

五木寛之 2015『生かされる命をみつめて《見えない風》編 五木寛之講演集』実業之日本社文庫。

ウィラースレフ、レーン 2018『ソウル・ハンターズ――シベリア・ユカギールのアニミズムの人類学』奥野克巳・近藤祉秋・古川不可知訳、亜紀書房。

エイブラム、ディヴィッド 2017『感応の呪文〈人間以上の世界〉における知覚と言語』結城正美訳、論叢社／水声社。

大石高典 2021「媒介者としてのハチ――人＝ハチ関係からポリネーションの人類学へ」『文化人類学』86(1): 76-95。

大村敬一・湖中真哉 2020『「人新世」時代の文化人類学』放送大学出版会。

奥野克巳 2016「『森は考える』を考える：アヴィラの森の諸自己の生態学」『現代思想』44(5): 214-225、青土社。

奥野克巳・中上淳貴 2019「マルチスピーシーズ仏教論序説」『たぐい』Vol.2: 56-66、亜紀書房。

奥野克巳・シンジルト・MOSA共編 2021『マンガ版マルチスピーシーズ人類学』以文社。

オダム、ユージン・P 1991『基礎生態学』三島次郎訳、培風館。

カークセイ、S・エベン＋ステファン・ヘルムライヒ 2017「複数種の民族誌の創発」近藤祉秋訳、『現代思想』45(4): 96-127、青土社。

＊1 本書はEkritsのサイトにおいて二〇二〇年七月七日から二〇二一年三月八日までの間に掲載されたインタビューと座談会の記録を書籍として再編集したものである。書籍化にあたって協力いただいたEkritsにはこの場を借りて謝意を述べさせていただきたい。なお、書籍化に伴い、共編者ならびに各章の著者により一部内容を改変、注釈や写真を追加した箇所がある。

コーン、エドゥアルド　2016『森は考える――人間的なるものを超えた人類学』奥野克巳・近藤宏監訳、近藤祉秋・二文字屋脩共訳、亜紀書房。
小林敏明（編）2020『近代日本思想選　西田幾多郎』ちくま学芸文庫。
近藤祉秋　2019「マルチスピーシーズ人類学の実験と諸系譜」『たぐい』Vol.1: 126-138、亜紀書房。
近藤祉秋　2021「内陸アラスカ先住民の世界と『利那的な絡まりあい』――人新世における自然＝文化批評としてのマルチスピーシーズ民族誌」『文化人類学』86(1): 96-114。
近藤祉秋・吉田真理子共編　2021『食う、食われる、食いあう――マルチスピーシーズ民族誌の思考』青土社（刊行予定）。
逆巻しとね　2019「喰らって喰らわれて消化不良のままの『わたしたち』――ダナ・ハラウェイと共生の思想」『たぐい』Vol.1: 55-67、亜紀書房。
下道基行・安野太郎・石倉敏明・能作文徳・服部浩之編著　2020『Cosmo-Eggs｜宇宙の卵　コレクティブ以後のアート』torch press。
シュレディンガー　2008［1944］『生命とは何か――物理的にみた生細胞』岡小天・鎮目恭夫訳、岩波文庫。
塩田弘・松永京子ほか編　2017『エコクリティシズムの波を超えて――人新世の地球を生きる』音羽書房鶴見書店。
チン、アナ　2019『マツタケ――不確定な時代を生きる』赤嶺淳訳、みすず書房。
寺田匡宏、ダニエル・ナイルズ　2021「人新世（アンソロポシーン）をどう考えるか――環境をめぐる超長期的時間概念の出現とグローバルな地球システム科学ネットワークの展開――」寺田匡宏、ダニエル・ナイルズ編著『人新世を問う』、pp.1-72、京都大学出版会。
独立行政法人海洋研究開発機構　2012『深海と深海生物　美しき神秘の世界』ナツメ社。
ハイザ、ウルズラ・K　2017「未来の種、未来の住み処　環境人文学序説」森田系太郎訳、野田研一・山本洋平・森田系太郎編『環境人文学Ⅱ　他者としての自然』、pp. 249-268、勉誠出版。
山田仁史　2016「コメント①」野田研一・奥野克巳編『鳥と人間をめぐる思考――環境文学と人類学の対話』、pp.125-131、勉誠出版。
結城正美　2017「環境人文学の現在」野田研一・山本洋平・森田系太郎編『環境人文学Ⅰ　文化のなかの自然』、pp.235-248、勉誠出版。
結城正美　2018「環境人文学」奥野克巳・石倉敏明編『Lexicon 現代人類学』、pp.200-203、以文社。

吉川浩満　2018　『人間の解剖はサルの解剖のための鍵である』河出書房新社。

【欧文参考文献】

Asdal, Kristin, Tone Druglitrø and Steve Hinchliffe (eds)　2016　*Humans, Animals And Biopolitics: The more-than-human condition*. Routledge.

Alegado, Rosanna A. and Nicole King　2014　“Bacterial Influences on Animal Origins.” *Cold Spring Harbor Spring Perspectives in Biology* 2014;6:a016162: 1-16.

De La Cadena, Marisol　2015　*Earth Beings: Ecologies of Practice Across Andean Worlds*. Duke University Press.

Emmett, Robert S. and David E. Nye (ed.)　2017　*The Environmental Humanities : A Critical Introduction*. MIT Press.

Haraway, Donna　2016　*Staying with the Trouble: Making Kin in the Chthulucene*. Duke University Press.

Heise, Ursula K., Jon Christensen and Michelle Niemann (eds.)　2017　*The Routledge Companion to the Environmental Humanities*. Routledge.

Helmreich, Stefan　2009　*Alien Ocean: anthropological voyages in microbial seas*. University of California Press.

Hoag, Colin, Filippo Bertoni and Nils Bubandt　2018　“Wasteland Ecologies: Undomestication and Multispecies Gains on an Anthropocene Dumping Ground.” *Journal of Ethnobiology* 38(1):88-104.

Ingold, Tim　2013　“Anthropology beyond humanity.” *Suomen Anthropology: Journal of the Finish Anthropological Society* 38(3): 5-23.

Ingold, Tim　2000　*The Perception of the Environment: Essays on livelihood, dwelling and skill*. Routledge.

Kirksey, Eben and Stephan Helmreich (eds.)　2010　“Special Issue: Multispecies Ethnography.” *Cultural Anthropology* 25(4): 545-687.

Kirksey, Eben (ed.)　2014　*The Multispecies Salon*. Duke University Press.

Kirksey, Eben, Craig Schuetze and Stefan Helmreich　2014　“Tactics of Multispecies Ethnography.” Kirksey and Eben (ed.) *The Multispecies Salon*, pp. 1-24. Duke University Press.

Kohn, Eduardo　2007　“How dogs dream: Amazonian natures and the politics of transspecies engagement.” *American Anthropologist* 34(1): 3-24.

Locke, Piers　2018　"Multispecies Ethnography." *The International Encyclopedia of Anthropology*. John Wiley & Sons, Ltd.

Melissa, J. Remis and Carolyn A. Jost Robinson　2020　"Elephants, Hunters, and Others: Integrating Biological Anthropology and Multispecies Ethnography in a Conservation Zone." *American Anthropologist* 122(3): 459-72.

Ogden, Laura A., Billy Hall and Kimiko Tanita　2013　"Animals, plants, people and things: a review of multispecies ethnography." *Environment and Society* 9(1): 5-24.

Plumwood, Val　2009　"Nature in the Active Voice." *Australian Humanities Review*（http://australianhumanitiesreview.org/2009/05/01/nature-in-the-active-voice/　最終アクセス日：二〇二一年五月二八日）

Taylor, Affrica and Veronica Pacini-Ketchabaw　2015　"Learning with children, ants, and worms in the Anthropocene: towards a common world pedagogy of multispecies vulnerability." *Pedagogy, Culture & Society* 23(4): 507–529.

Rose, Deborah　2009　"Introduction: Writing in the Anthropocene." *Australian Humanities Review*（http://australianhumanitiesreview.org/2009/11/01/introduction-writing-in-the-anthropocene/　最終アクセス日：二〇二一年五月二八日）

Tsing, Anna　2014　"More-than-Human Sociality: A Call for Critical Description." Kristen Hastrup (ed.) *Anthropology and Nature*, pp.27-42. Routledge.

van Dooren, Thom, Eben Kirksey and Ursula Münster　2016　Multispecies Studies: Cultivating Arts of Attentiveness. *Environmental Humanities* 8(1): 1-23.

第一部　人間と動物、一から多への視点

第一章　インド中部ヒマラヤの種を超えた関係性

——ヤギの生贄からクマとの親密性まで

ラディカ・ゴヴィンドラジャン
宮本万里（聞き手）

ラディカ・ゴヴィンドラジャン　Radhika Govindrajan
ワシントン大学准教授。専門•関心はマルチスピーシーズ民族誌、環境人類学、宗教人類学、南アジア研究、政治人類学。著書に *Animal Intimacies*（2018、以文社より刊行予定）がある。同書はインドの中央ヒマラヤの州、ウッタラカンドにおける異種間の関係性に関する民族誌で、アメリカインド学研究所よりエドワード・キャメロン・ディモック賞、アメリカ文化人類学協会よりグレゴリー•ベイトソン賞受賞（2019年）。

宮本 万里　Mari Miyamoto
慶應義塾大学准教授。専門は社会人類学、南アジア研究、環境人類学、政治人類学。現在の関心のひとつは、民主化期のブータンおよび北東インド諸州における宗教的均質化のプロセスと、それに関連した屠場文化の変遷、牧畜社会における仏教的な放生実践とその社会的影響にある。主な論文に「森林放牧と牛の屠殺をめぐる文化の政治：現代ブータンの国立公園における環境政策と牧畜民」（『南アジア研究』第20号、2008年）がある。同論文で、日本南アジア学会賞受賞。

『アニマル・インティマシーズ』の構成――五種の動物たち

宮本万里（以下、宮本）：ご著書 *Animal Intimacies: Interspecies Relatedness in India's Central Himalayas*[*1] に対する（アメリカ人類学会の）二〇一九年のベイトソン賞の受賞おめでとうございます。今日は、この本の中身を中心にインタビューを行いたいと思います。本書のなかでは、ヤギ、ウシ、サル、ブタ、クマという五種類の動物を主に取り上げていますね。これらの動物のうち、サルやクマは明らかに家畜化された動物ではありません。家庭で飼育されている家畜と野生動物とでは、村の人々と動物との関係性は全く異なると想像しますが、この五種類の動物に関する物語を一冊の本にまとめようと考えた理由は何だったのでしょうか。また、これらの複数の動物の関係性を通して何を伝えたいと考えたのでしょうか。

ラディカ・ゴヴィンドラジャン（以下、ゴヴィンドラジャン）：私は、修士号を南アジア近代史で取り、修士課程では、同地域における植民地時代の野生動物保護に関する研究を行いました。その後、博士課程の研究として、そのテーマでフィールドワークを行いました。私が博士課程を開始した当初は、野生動物の保護に焦点を当てつつ、それを現代にまで拡大していこうと考えていました。しかし、私はすぐに、野生動物と家畜動物といった分類は歴史的背景に左右され変化するものであって、その境界は常に曖昧であることに気がつきました。例えば、ヒョウが村をうろついて人を襲うのは、神々が「バリ」、つまりは家畜の生贄を望んでいることを示しています。ゆえにヒョウは神々にとっては家畜化された動物なのだ、と村人が私に言ったことがありました。こうした分類における流動性が、さまざまな動物がどのように異なる場所に出入りしているのか、もっと深く考えてみたいと思うきっかけです。それによって、「野生動物」という自明で不変の分類に違和感を覚え、人間と人間以外の動物が日常的に遭遇していくなかで、このような分類が、いつどうして意味を持つようになったのかを考えるようになりました。なぜこの五種類の動物なのかという問いについては、これらの動物が、それぞれが全く異なる状況に置かれていると考えるからです。

本書における重要なポイントのひとつは、個々の動物やその集団の歴史・性質・行動が、特定の社会的関係や社会を構築するうえで欠かせないものだという点です。血縁関係の一形態としての生贄に関する章は、ヤギの物質性とその性癖、そして人間とヤギとの関係性について扱っています。ウシの保護に関する問題や、国家の開発プロジェクトが「外来種」のウシを飼うのか「在来種」のウシを飼うのかというジレンマをどのように生み出してきたかという問題などがあります。それらについては、さまざまなウシの特性を実際に知ることによってのみ解決することができるのだと思います。外来種のウシへの懸念や、そのことが文化的アイデンティティに与える影響については、平地の都市部から山村に置き去りにされたサルの話を通して探ることができます。私がヤギを通してこうした話を語ったとしても、同じものとはならなかったでしょう。なぜなら、帰属に関するこのような話が可能になったのも、外来種のサルの行動があったからです。セクシュアリティと家父長制に関する問題は、クマの話を中心にしています。

はじめにこのような大きなテーマに興味を持ち、そのテーマが特定の動物によって具現化されていることに気づいたのです。最初に本書を執筆しようと考えた時、各章で異なる動物を取り上げることになるとは思ってもいませんでした。各章は「生贄について」「宗教と保護政策について」「所有と移動・移住について」、そして「セクシュアリティについて」の章になると考えていました。しかし、執筆を進めるうちに、「なるほど、それぞれのテーマは、これら五種類の動物と、人間・神・国家・人間以外のその他動物との間にある状況化された関係性によって明確に説明できるのだ」と思うようになりました。ですので、異なる動物を中心に各章を構成したいとはじめから考えていたわけではなく、こうした経緯を通して本書の構成が自然とできあがりました。

生贄となるヤギと女性による動物の世話

宮本：第二章はヤギの生贄についてでしたが、そこでは、生贄として捧げる動物を世話する村の女性たちの労働とその価値について書かれています。これまで、南アジアにおいて女性と「自然」との関係性や愛着を説明する際、ヴァンダナ・シヴァなどが主張するエコフェミニズム等の既存の理論を通して説明されることが多かったと思いますが[*2]、あなたは女性の労働に焦点を当てることで既存の理論を全く異なる方向へ導いており、その分析視角は新鮮でした。

ゴヴィンドラジャン：そうですね、ある種のエコフェミニズムの文献は、このような本質化された範疇で議論される傾向にありますが、それは、たとえそのような主張が善意に行われたとしても、本当に問題だと思っています。

＊1　Govindrajan, Radhika　2018　*Animal Intimacies: Interspecies Relatedness in India's Central Himalayas.* University of Chicago Press.（日本語訳『アニマル・インティマシーズ（仮題）』は、以文社より刊行予定）

＊2　Shiva, Vandana and Maria Mies　1994　*Ecofeminism* (2nd edition). Zed Books.

とはいえ、いくつかの研究は、自然に対する女性の親和性を示す例としてエコフェミニストたちが支持しているチプコ運動などについて議論しながら、これらの主張を見事に複雑化させています。例えば、ハリプリヤ・ランガンは、女性が「生まれながらの」環境保護主義者であるというエコフェミニストの主張は、実際には女性たちが抱く経済開発への願望を不可視化することになっていると指摘しています。[*3] そもそも彼女らが抗議を行う理由のひとつは、このような状況で生きていくことの難しさに注目してもらうことにあります。私にとって、カースト・資本・ジェンダーといった政治経済的問題について考えることは非常に重要であり、女性の自然への親和性を生来的なものとして崇拝することに対する重要な対抗手段となります。私は、広範囲の構造的な要素によって形作られる労働の特定のやり方から、どのようにして感情的な愛着や葛藤が生まれてくるのかを探ることに興味があります。生贄を扱った章では、このように、母性的な愛着というジェンダー化された言説が、動物の世話において、女性が全責任を背負うという家父長的な労働体制によって、どのように形作られているのかを考えています。

宮本：人々の労働の軽重が神々によって計測され、その労働だけがヤギを貴重な生贄として価値あるものにするという考えは、興味深いと思います。他方で、あなたの主張のなかでは、野生動物を生贄にするという習慣の有無やその価値については、全く触れられていないようです。狩猟を通した野生動物の供儀のような習慣は、あなたのフィールドとする山間部にはもともと存在しないのでしょうか。あるいは、現在のように家畜を生贄とする風習は、実際には平野部の人々によって持ち込まれたものである可能性はあるでしょうか。

ゴヴィンドラジャン：そうですね、例えばヴィーナ・ダスといった研究者は、ヴェーダ時代までさかのぼれば、人間も生贄となる五種類の存在のうちのひとつであったのだと主張しています。[*4] 私たちが野生動物と呼ぶ動物も含め、さまざまな種類の生物が生贄として供されてきました。しかしながら、私のフィールドワークの対象地域では、生贄とされているのは家畜だけです。この地域の生贄の歴史が示すように、本来の生贄は人間でしたが、悲しみにく

クマオニのヤギ。Photo by Radhika Govindrajan.

れた両親の嘆願の末、神々は人間の代わりに動物を生贄にすることを許しました。しかし、その代替の生贄を失うことは、痛みと悲しみをもたらさなければなりません。簡単に別れられるなら、本来、犠牲とはならないからです。狩猟に関して述べると、この地域において植民地時代と植民地後の野生動物保護の歴史が長く、法的な規制の結果、狩猟はほとんど行われなくなりました。この地域の人々は、「密猟」により、国から罰金や投獄という罰則が与えられることを恐れました。時折ジャングルの鳥を殺したり、イノシシを殺す話をしたりする人もいますが、野生動物の狩猟は決して一般的なものではありません。私が話を聞いた人々のなかで、野生動物を生贄として捧げたと記憶している者はいませんでした。

そうは言っても、この地域のある特定の寺院では、生贄となる動物やその方法について、今述べたことと違う部分もあります。デヴィドゥラ（Devidhura）という寺院で聞いた話によると、女神は、人々が人間の代わりに動物を生贄として受け入れてほしいと懇願した際、こう言ったそうです。「よろしい、では動物の生贄を受け入れるが、人間の血も捧げるように」と。ラクシャー・バンダンの日にこの寺院で何が行われるかというと、寺院の世話を任されている四つの氏族が寺院に集まり、一〇分間互いに石をぶつけ合うのです。そして、戦いの後に地面に十分な人間の血がこぼれていれば、女神の人間の血に対する要求は満たされた、と考えることにしたのです。そしてご想像のとおり、この種の儀式は、多くの活動家や第三者の不安の種となっています。なぜなら、儀式的な投石が例証したように、これには「近代性」が欠けているとして受け取られたためです。しかし、この場は確かに「近代的」な空間であり、祭は少なくともこれまで数回は（携帯電話会社の）ボーダフォンがスポンサーとなっていました。このイベントの見物者には、携帯電話のＳＩＭカードが配布されることもあったのです。これらの祭りは、しばしば地方公務員らによって開催されていました。活動家がどのように生贄というテーマに取り組むかを決定づける、伝統と近代性の言説を考えるためには、この場は本当に魅力的な空間だと思います。

在来牛と外来牛——動物保護と排外主義をめぐって

宮本：第三章では「パハリ牛」と呼ばれる在来牛に対する人々の愛着・執着が描かれています。パハリ牛あるいは在来牛というカテゴリーは、「商用牛」や「近代牛」と呼ばれる外来種のジャージー牛と比較するなかでその属性が明確化します。本章を読んで、牧畜村の発展のために政府が乳量の多いジャージー牛を導入したブータンの事例が思い起こされました。私が調査を行っているブータンの村の人びとは仏教徒です。ウシにはヒンドゥー教のような宗教的価値はありませんが、外来種のウシが季節的な移牧の妨げになることが懸念されており、人々は乳量の増加を喜ぶ一方で交雑が進むことを心配していました。あなたがフィールドワークを行った地域では、在来牛がジャージー牛と交配した場合、生まれた雑種はジャージー牛とみなされるのでしょうか。また在来牛だけが持つ宗

家畜動物との親族的な関係は、ジェンダー化された飼育労働の実践をとおして立ち現れる。
Photo by Radhika Govindrajan.

教的な力を認める一方で、地域の人々は、この二種類のウシの境界をどこに定めているのでしょうか。

ゴヴィンドラジャン：大変興味深い質問ですね。これらのウシを交雑させた場合、通常は「ドガラ（dogalla）」と呼ばれ、ふたつの品種の中間に位置づけられます。それは、もう「純粋な」在来牛とはみなされません。ヒンドゥー至上主義者の言説のなかでも、在来性が特に重要視されています。現在、多くの牛舎では「うちは在来牛しか飼っていないよ。外国産のウシはいらないね」と言うでしょう。そして、本書にもあるとおり、確かハリヤーナー州だったと思いますが、ある政治指導者は、ジャージー牛の牛乳を飲むと、ジャージー牛自身が犯罪者の性質を持っているため、犯罪者になってしまうという類のことを言っていました。その言説のなかには、非常に強い排外主義的な歪みがあります。「在来牛の繁殖のみを推奨すべきだ」と国に提言するウシ保護論者も出てきています。そして、国はある在来品種の再現プロジェクトにも投資しています。しかし、酪農を農村開発の原動力にしようとするのであれば、ジャージー牛よりも乳量が少ない「パハリ」種を奨励するのは難しいのが実際のところです。乳量が多いとの理由から、サヒワール種や平地系の在来品種を勧める人もいますが、このような地形では飼育はより困難です。つまり、酪農の推進と在来牛の保護を同時に推進するというこのプロジェクトの核心には、軋轢が存在するのです。

私が本書で述べたなかでの最大の葛藤のひとつは、「ジャージー牛をどうすべきか?」という問題で、ヒンドゥー教至上主義者と地元の人々の双方を悩ませています。ウシ保護論者は、外来種のウシは純粋でなく、犯罪者で、愛情や世話をするに値しないと思っていても、「ああ、このジャージー牛は外来種だから殺してもよいのだ」とは言いたくないのです。結局のところ、これらのウシもまたウシなのですから。そして、この認識が行き詰まりを生み、彼らが現在、解決しようとしている難問を生み出しています。彼らの多くは、現実にはそこまで多くのウシを育てることができないこと、そして国によって酪農がこれほどまでに推進されている限り、雄ウシや老齢牛を見捨てざるを得ないことを認識しているからです。ケイティ・ガレスピー[*5]やヤミニ・ナラヤナン[*6]のようなフェミニスト研究者が指摘するように、乳牛の理にかなった末路は牛肉なのです。この点は、右翼の牛保護論者の多くが考え抜こうとしている問題だと思います。本書では、世界ヒンドゥー協会(VHP)のある指導者が、ヒンドゥー教徒はウシを捨てても非難されるべきではなく、ウシを捨てず手放さないよう人を説得する方法を考える責任は、ウシ保護論者にあると主張したことについて述べています。彼らは、「どうすれば酪農にも焦点を当てつつ、在来牛を推進できるのか」と問いかけています。そして、それが時々、興味深い意味で国家との対立点となって現れるのです。

宮本:現在のインドにおけるウシ保護を取り巻く状況について知ることができ、とても興味深く感じました。ウシをめぐる分類は既に重層的なものとなっていますが、あなたが在来牛に関して説明された側面は、ヒマラヤ地域を含む多くの地域で、一層重要なものになってきていると思います。近年では、女性たちは、在来牛以上に、ジャージー牛の飼育により多くの労力を投入する必要に迫られているようです。もしも、投入された労働量を考慮すれば、将来的には、ジャージー牛が神々への最良の贈り物になりうるでしょうか。それとも、ジャージー牛は、宗教的価値という点から在来牛の代わりになることは決してないと考えますか。

ゴヴィンドラジャン：人々はジャージー牛が宗教的に重要なウシになる可能性があるという考えも受け入れています。本書のなかでも触れた、私が興味深いと感じた疑問のひとつに「どの時点でジャージー牛が山地のウシになるか」というものがあります。「品種」自体も存在論的には不変の分類というわけではありませんが、必ずしも「品種」の変容という意味ではなく、これらのウシが食べる食べ物、飲む水、従属する神々、山で過ごした世代の長さなど、山に対するさまざまな実質的な関連性や交流という面での話です。すくなくとも私がフィールドワークを行った地域では、農村部の家庭で「純粋な」在来牛を見つけることがより困難になっていることから、多くの人がジャージー牛しか手に入らないかもしれないという考えで揉めていたように思います。人々はジャージー牛の糞尿で間に合わせの儀式を行うようになっています。一部の人々は、このような儀式は最終的にジャージー牛の異なる物質性に順応していくのではと推測しています。ジャージー牛が「商用」牛となると同時に、「儀式用」牛となることへの寛容性もありました。これが、これらの農家が持つウシの分類についての見解と、右派ヒンドゥー教徒の無節操な排外主義とを区別している点だと考えます。これらの村でも、外来牛や在来牛といった分類を使っていましたが、ジャージー牛に深い愛情を注いでいないというわけではありませんでした。その点については、本書のな

＊3　Rangan, Haripriya　2000　*of Myths and Movements: Rewriting Chipko into Himalayan History*. Verso.
＊4　Das, Veena　1983　"Language of Sacrifice." *Man New Series* 18(3): 445-462.
＊5　Gillespie, Katie　2018　*The Cow with Ear Tag #1389*. University of Chicago Press.
＊6　Narayanan, Yamini　2019　"Cow Is a Mother, Mothers Can Do Anything for Their Children!' Gaushalas as Landscapes of Anthropatriarchy and Hindu Patriarchy." *Hypatia* 34(2): 195-221.

かで詳しく記しています。村人たちは、ジャージー牛がある種の儀式には不向きなウシであると言いつつも、自分たちが育てているウシに強い愛情と尊敬の念を抱いていました。これは特に、これらのウシの飼育に関する労働の大部分を担っていた女性に当てはまりました。

サルの神聖視と恐怖――倫理的・宗教的ジレンマ

宮本：続く第四章では、都市部に住むよそ者が新たに連れてきたサルと地域の人々の関係性を、サルに対する人々の振る舞いや態度から描き出そうとしています。都市から山岳部へサルを移動させるというこの現象の背景には、ハヌマーン（ヒンドゥー教の神猿）の崇拝もあるとお考えですか。つまり、ヒンドゥー教を信仰する人々が、ハヌマーン神の眷属は聖域にいるべきだと考え、都市に住むサルを山へと移動させようとしているのでしょうか。

ゴヴィンドラジャン：それもありますが、サルが野生動物保護法で保護されているからです。間引きに反対する宗教的な議論は確かにありますが、動物愛護活動家が主張する、サルを殺すことは法律に違反するという議論もあります。隣のヒマーチャル・プラデーシュ州では、農家に凶暴化するサルを銃で撃つ免状を与えると発表しました。それが発表された時、さまざまな選挙区で大騒ぎになりました。動物愛護団体は、これは残虐行為だと言い、野生動物保護活動家は、インドの野生動物の遺産の大規模な破壊への扉を開くきっかけとなることを懸念し、ヒンドゥー・ナショナリズム団体は、サルはハヌマーンを体現した存在であるため殺してはならないと主張しました。多くの森林警備隊員は、この問題がどれほど多くの議論を生んでいるかを考えると、どうしたらいいのか本当にわからないと私に話してくれました。しかし、農村の生活への被害は現実のものです。複数の組織やＮＧＯがこの問題に取り組んでいます。このような状況では、人は農業を続けることができません。これは深刻な問題で、さまざ

外来のサルは、アイデンティティ、所属、利用をめぐる闘争を引き起こす着火点となった。
Photo by Radhika Govindrajan.

まな解決策が提案されています。不妊手術を行うという選択肢もあります。それが成功しなかったのは、特に動物愛護活動家から、人道的に実施できるかどうかについて懸念が出たからです。間引きという解決策も、まだあまり好意的に受け止められていません。

宗教の問題は、多くの山地の民にとって複雑なものでした。サルを殺すのは罪深いと考える傾向にある一方で、果樹園を荒らしていたサルに毒を盛るという話もよく聞きます。ある男性は、かつて私に、自身の土地で、死んだアカゲザルを見つけたと言いました。彼はあまり多くを説明しませんでしたが、私は彼が多くの収穫物を失ったことへの悔しさから、畑に毒を撒いたのではないかと推察しました。死んだサルを見て罪悪感と恐怖を感じた彼は、贖罪としてサルに餌を与えていました。このように、こうした都会からきたサルをどう扱うかについては、倫理的・宗教的に深いジレンマがあり、それに対応するためにさまざまな解決策が生まれました。

宮本：現在、村にはあなたが描くように都市部から来た外来のサルがいますが、それ以前から同地域には在来のサルが生息していたはずですよね。その在来のサルと外来のサルを比較してみると、当然のことながら、人々は現在は在来のサルに対して自分の身内のような愛着を持っており、都会のサルが彼らにとっていかに異質な存在であるかを語るでしょう。しかし、都会のサルが来てから、在来のサルに対する認識が寛容になったということは考えられるように思います。在来のサルと村人との以前の関係性はどのようなものだったのでしょうか。地域の共同体の一部となりうるような、親しみのある存在としてのみ認識されていたのでしょうか。それとも、駆除されるべき害獣として認識されていたのでしょうか。

ゴヴィンドラジャン：それは興味深い問いです。その地域に生息するあらゆる動物が、害獣・友人・仲間という異なるカテゴリーの間を浮動する存在だ、という強い感覚が、私のなかに間違いなくあります。在来のサルも、間違いなく時には「害獣」となる可能性があります。しかし、人々は、在来のサルの「略奪」には対処できるという感覚があり、それは外来のサルとの共存に関連してよく表現される言葉「アアタンク（aatank）」、つまり恐怖、の感覚はありませんでした。人々が私に言うには、たいていの場合、在来のサルが果樹園に来るのは数日で、その後は森に戻るのだそうです。彼らにとっては、森で十分だったからです。彼らは時々森から出てきましたが、村に住むことはありませんでした。このこともまた、現在の状況の特異性を強調するための、懐古の念を含んだ過去の恣意的な解釈である可能性もあります。しかし、それは広く主張されており、私たちは真摯に受け止めなければならないと思います。また、人々はそれとは異なったことも述べます。ひとつには、略奪の性質の違いが挙げられます。在来の森のサルはたまに果実を盗んだり、農作物を食べたりすることはあっても、外来のサルのように家のなかまで入ってくることはありませんでした。そこには、恐怖感と不安感が蔓延していたのです。「外来のサルは、すぐに家のなかまで入ってくる。人が家のなかで座っていても、ただ入ってきて人の食べ物を奪うのだ。もしおまえが何かを言えば、噛みついてくるだろう」と。人々はこの行為を、在来のサルにはない「大胆な犯罪性」のようなものとして語っています。在来のサルと外来のサルを区別する際に人々が指摘するのは、この完全なる恐怖心の欠如と村の「乗っ取り」とも言える行為でした。

カーストの暴力と野生化したブタ

宮本：何重もの意味が込められているという点で、逃走した雌ブタの話はとても読みごたえがありました。私が調査しているブータンでも、昔はブタの飼育が一般的で、ご存じのとおり階上のトイレの下でブタを飼うこともありました。ただ、宗教に関係しているとはいえ、ブタの飼育をやめた理由は両者でかなり異なるように思います。この章では、実験農場の家畜化されたブタが脱走して野生化していくストーリーをベースにしながら、インドで法的には否定され禁止されているカーストによる差別や抑圧について、その重層的な構造が巧みに描かれていますね。

ゴヴィンドラジャン：カーストに基づく抑圧は、インド全土と同様にこの地域でも存在し、今でも力を持っています。私は、蔓延するカーストの暴力と、この抑圧や暴力に対する最下層のダリット（不可触民）の抵抗や拒絶が、日常的な人間関係のなかでどのように行われていたのかを理解することに興味を持っていました。ブタはこの疑問に対し、重要な取っ掛かりを提供してくれました。ブタと、ブタを飼育するダリットカーストを「不浄」とみなすことは、B・R・アンベードカルが言うところのカーストの「段階的不平等」[*7]を維持するために、支配カーストの人々が日常的にカーストの暴力を行使するための方法となったのです。フランツ・ファノンが力強く指摘しているように、抑圧者の言説は根本的に動物学的なものであり、抑圧された者に動物性を与えることで、彼らに対する植

*7 Ambedkar, B.R. 2014 *Annihilation of Caste*. Rupa Publications.

民地的な暴力を正当化する方法として使われているのです。私は、ベネディクト・ボワスロンが「連結性」[*8]と呼ぶような、カーストと動物化の交点については取り組むべき重要な研究が残っており、人間と人間以外の動物との関係性を研究することにより、こうした交点への洞察が得られるだろうと考えています。しかし、この交点をどう捉え、どう表現するかということにも気を配らなければなりません。ザッキヤ・イマン・ジャクソンが指摘するように、「人間」を超越して、人間-動物間の区別を元に戻そうとする急激な動きは、人間が決して不変の分類ではなかったという事実を見落とすだけでなく、解放的なヒューマニズムを求めるさまざまな被抑圧集団の葛藤を根底から覆すこととなります。[*9]

私にとって特に重要だったのは、支配的なカーストによるカースト暴力の全容を明かすことなく、その暴力が向けられた人々にとって異論のないかたちでそれを示すことにありました。私は、ダリットの村人たちがどのようにして支配的なカーストによるこうした抑圧に立ち向かい、それを覆してきたかを、脱走した雌ブタの話を交えながら強調したかったのです。本書でも触れていますが、ダリットの村人数名がよく言っていたのは、森にいるイノシシはおそらく脱走した雌ブタの子孫であり、本当は野生のイノシシではないということでした。このことは、ブタ肉の消費を不浄であり「最下層カースト」の地位を示すものだと非難する支配カーストが、せいぜい暴力的な偽善者でしかないことを意味しているのだと、彼らは言うのです。私は、これらのカースト支配に対する批判は、野生化したブタの歴史、特にその話で示されているような、野生の流動的な性質に基づいていることを主張します。私にとって、これらの論争は、カーストと動物性の関係が偶発的で予期せぬものであり、民族学的に理解されなければならないことを思い起こさせてくれます。

宮本：非常に刺激的な議論ですね。ファノンの論点はとても重要だと思います。しかし、ジャクソンの指摘もまた検討に値するものですね。階層や差別と動物性の関係を論じるためには、前提として理解しておくべき論点が非常にたくさんあるように思います。

この章のなかで、もしかしたら重要な点ではないかもしれませんが、脱走した雌ブタの牙の大きさについて人々が話している箇所が気になりました。村人たちは、脱走した雌ブタの子孫はより大きい牙を持っていると語っていたそうですが、その話をすることで、彼らはいったい何を示唆したかったのでしょうか。例えば、動物を危険な存在に変えるという意味で、遺伝子操作を恐れているということでしょうか。事例として私は興味深いと思ったのですが、結局その話題は全体的な議論に再び包摂されることはありませんでした。この一連の会話を通して何を伝えたかったのか、もし可能であれば教えていただけますか。

ゴヴィンドラジャン：この章では、ブタの凶暴性についてのさまざまな証言を、互いの会話のなかに入れてみました。多くの野生生物学者は、ブタが「野生化」した場合、迅速な形態学的な変化が起こる可能性を示唆しています。ブタの形態は、数世代という非常に短い期間で変化することができます。私にとって、これらの知見は、人々が私に話してくれた、脱走した雌ブタの歴史や、その子孫が簡単に「ジュングリ（jungli）」つまり野生化した話と非常に一致していました。私が本書を執筆する際、ある男性は、イノシシを「パルトゥ・ジュングリ（paltu-jungli）」つまり「家畜−野生動物」と呼びましたが、それはブタが両者のカテゴリー間をいかに簡単、迅速に移動することができるかを言い表しています。

私にとっては、野生の偶発性について、人々が主張の根拠として挙げた証拠に重点を置くことが大切なことでした。私はこれらを、故意に証拠と呼んでいます。彼らは、非常に長い間動物とともに暮らし、動物に関する観察

＊8 Boisseron, Bénédicte 2018 *Afro-Dog: Blackness and the Animal Question*. Columbia University Press.
＊9 Jackson, Zakkiyah Iman 2020 *Becoming Human: Matter and Meaning in an Antiblack world*. NYU Press.

的・経験的知識を豊富に蓄えている人々です。私は、このような異なる種類の状況化された知識のいずれかを使って他方の真実性を確認すると言うよりも、これらの知識を積み重ねることに関心を抱いていました。言い換えれば、私はクマオニの人々が私に話してくれたことを、「科学的証拠」によって裏付けしたり証明したりしなければならない、ある種の「ローカル・ナレッジ（土着の知）」として主張したくはなかったのです。私は、彼ら自身の証拠を元にして考え、野生生物学者の状況化された知識と合わせることで、会話にまとめたいと思ったのです。

クマとのセックスを語る女性たち

宮本：ご著書の最後の章は、クマについての話でしたね。この章は、様々なインスピレーションを与えてくれる内容でした。ここで登場するクマは、この本に書いてあった他の動物とは全く異なる現れ方をしているように思えます。クマと女性の物語を通して、男女の（不）平等性や再生産能力、家庭内暴力など、女性を取り巻く問題の存在を示唆していますが、この本の最後の章としてこの物語を挿入した動機はどのようなものだったのでしょうか。そうしたジェンダー不平等に対する意識が、女性たちのすべての会話の底流に常に存在していることを示唆したかったのでしょうか。そして、彼女たちが抱くひそかな不満や希望を抽出して表現するには、このクマの話が最適だったということでしょうか。

ゴヴィンドラジャン：私は、ヤギやサル、さらにはイノシシやヒョウと比べて、クマがこの風景にいかに「存在しない」かについて悩んでいました。しかし、後になって気がついたのですが、クマは物質的・象徴的風景のなかに、私が考慮に入れるべき重要な仕方で、存在していたのです。同僚のジュノ・パレーニャス[*10]の研究は、この点を考えるうえで非常に参考になりました。特に彼女の「物質的痕跡」という考え方は、存在していないように見えるもののなかで存在を示すものです。トウモロコシ畑が平らになっていて夜間に食べた跡があったり、クマに襲われた女性の顔の傷跡があったりと、いたるところにクマの「物理的痕跡」は存在していました。

女性たちがクマについて極めて性的な話をすることで、多くの根源的な禁止事項や二項対立が露わになってしまったのではないかと考えています。例えば、人間とクマが恋人同士だったという考えです。親密性の持つ本来の寛容性を強調することで、女性の性的快楽に対するカースト家父長的な支配に立ち向かっていたのです。ある女性は、夫が疲れすぎてセックスできないと言った時に、夫を叱責したという話を私たちにしていました。彼女は夫に、クマならセックスしても疲れないだろうと言いました。このクマの話を通して自身の性欲を主張する姿には、本当に心を打たれました。確かに、女性がクマとのセックスの話をすることで得られる快感については、私も考え抜いてみたいものでした。単に、この話を戦略的に使って家父長制へ挑戦していただけではありません。そこにはクマとのセックスがどのようなものであるのか、想像することへの純粋な好奇心と興奮がありました。私にとっての課題は、これが、いかに親密で具体化された関係であるかを考えることでした。それは、人間と動物、血族と他人といった分類がどのように理解され、経験されるかを形作るうえで、女性が飼育しているヤギとの関係性とは全く異なる一方で、それに劣らず意味のあることでした。私にとってこの章は、人間以外の動物との多様な関係性、そして前述のように、それらの関係性の状況化された明示に対して民族学的な注意を払うことの重要性について述べることにありました。

宮本：なるほど、確かにこの章は動物の現れにおいて、他の一連の章と表面的には全く異なるようにみえますが、

＊10　Parreñas, Juno Salazar　2018　*Decolonizing Extinction: The Work of Care in Orangutan Rehabilitation*. Duke University Press.

クマの話は、人々と動物との関係性に対する我々の想像力を刺激しながら、この本のすべての章をつなげる役割を果たしているようにも思えます。また、人間が多様な他の生物種との境界線を越えると想像することである種の快楽を経験すると考えることは、他章を含む本書の全体を包括的に理解するヒントにもなりそうです。

マルチスピーシーズ民族誌の展望

宮本：本書を含むあなたの研究が多様な研究領域を横断している点は承知していますが、インタビューの最後に、特にマルチスピーシーズ民族誌という分野の将来的な展望について、ご意見を伺ってもよろしいでしょうか。

ゴヴィンドラジャン：私がマルチスピーシーズ民族誌の分野でとても刺激的だと思うのは、その知的な幅広さであり、それが実際に広い範囲にわたって関心を持ち、取り組んでいるという点です。私が思う、マルチスピーシーズ民族誌として分類される研究の多様性をゆるやかに結びつけているものは、エベン・カークセイとステファン・ヘルムライヒが、人間以外の動物や物質の持つ特有の歴史や伝記と表現したものを辿ることへの関心です。それ以上に、この分野のすべての仕事で力を発揮しているのは、寛容性であり、創造的な探求と思考への献身だと考えます。自分自身の研究において、私はこうしたことを、批判的な擬人観であり、他の人の立場にある自己を想像しようとする意思であり、すべてのリスクや消去にもかかわらず自己を超越した運動を生ぜしめる姿勢であり、より公正でより自己陶酔的ではない未来の可能性を開くような行為、として捉えてきました。私は、マルチスピーシーズ民族誌を、多様で異なる問題に洞察を与えてくれる分析レンズのようなものだと捉えており、それは必ずしも人間と人間以外との関係性が中心であるとは限りません。

エミリー・イエーツ・ドーア[*11]、ナタリー・ポーター[*12]、アレックス・ネイディング[*13]のように、健康や病気を理解するための方法としてマルチスピーシーズ民族誌を研究している人たちもいます。アレックス・ブランシェット、[*14] ケイティ・ガレスピー、ソフィー・ツァオ[*15]のように、屠殺場や酪農場、ヤシ農園など、産業資本の現場においてマルチスピーシーズ民族誌を研究している人たちもいます。ジュノ・パレーニャス、ハーラン・ウィーバー、[*16] アンヌ・ジャレ、[*17] ベネディクト・ボワスロン、ザッキヤ・イマン・ジャクソン、マリア＝エレナ・ガルシア、[*18] マヤンティ・フェルナンド[*19]のように、人種、ジェンダー、帝国主義、宗教に関する問題を不可欠と考え、中心的な課題とした研究もあります。

私が考える限りにおいて、マルチスピーシーズ民族誌は、より広い学問分野との対話を模索し、人間以外と人

＊11 Yates-Doerr, Emily 2015 "Does Meat Come from Animals? A Multispecies Approach to Classification and Belonging in Highland Guatemala." *American Ethnologist: Journal of the American Ethnological Society* 42(2): 309-323.

＊12 Porter, Natalie 2019 *Viral Economies: Bird Flu Experiments in Vietnam*. University of Chicago Press.

＊13 Nading, Alex 2014 *Mosquito Trails: Ecology, Health, and the Politics of Entanglement*. University of California Press.

＊14 Blanchette, Alex 2020 *Porkopolis American Animality, Standardized Life, and the Factory Farm*. Duke University Press.

＊15 Chao, Sophie 2018 "In the Shadow of the Palm: Dispersed Ontologies among Marind, West Papua." *Cultural Anthropology: Journal of the Society for Cultural Anthropology* 33(4): 621-649.

＊16 Weaver, Harlan 2013 "Becoming in Kind: Race, Class, Gender, and Nation in Cultures of Dog Rescue and Dogfighting." *American Quartely* 65(3): 689-709. John Hopkins University Press.

＊17 Jalais, Annu 2010 *Forest of Tigers: People, Politics, and Environment in the Sundarbans*. Routledge India.

＊18 García, Maria-Elena 2021 *Gastropolitics and the Specters of Race: Stories of Capital, Culture, and Coloniality in Peru*. University of California Press.

＊19 Fernando, Mayanthi 2017 "Supernatureculture." *The Immanent Frame: secularism, religion, and the public sphere*.（https://tif.ssrc.org/2017/12/11/supernatureculture/ 最終アクセス日：二〇二一年五月二八日）

間との関係性がどのように形成されているのかを考察し、数多くのその他の構造的要素のなかで、人種、人種差別、ジェンダー、セクシュアリティ、医療や資本の言説や実践を形作る際に、最も力を発揮するでしょう。ある意味、この分野は本当に爆発的に発展しており、その包括的な理論的枠組みを特定のアプローチや学派に絞るのが難しいところまで来ていると思います。それは素晴らしいことです。私の考えでは、マルチスピーシーズ民族誌は、さまざまな存在の異なる作用や働きによってさまざまな社会がどのように構成されているかについて、多様な方法で探求する時に、最盛期を迎えると思います。そして私は、この流動性と寛大性が、今後もこの分野の特徴であり続けることを期待しています。

宮本：マルチスピーシーズ民族誌に関して、とても豊かな示唆をいただき、ありがとうございました。

第二章　工業型畜産における人間－動物の労働

アレックス・ブランシェット
吉田真理子（聞き手）

アレックス・ブランシェット　Alex Blanchette
タフツ大学人類学・環境学准教授。主な著書に *Porkopolis: American Animality, Standardized Life, and the Factory Farm*（2020）、主な共著に *How Nature Works: Rethinking Labor on a Troubled Planet*（2019／サラ・ベスキーとの共著）、最近では *The Journal for the Anthropology of North America* 誌の特集号 "An Anthropological Almanac of Rural Americas"（2019／マルセル・ラフラムとの共同執筆）がある。

吉田 真理子　Mariko Yoshida
広島大学大学院人間社会科学研究科助教。専門は文化人類学、環境人類学。研究の関心は、水産コモディティチェーン、気候変動（海洋変化）の知識生成、科学技術社会論など。主な論文に"Scaling Precarity: The Material-Semiotic Practices of Ocean Acidification" (*Japanese Review of Cultural Anthropology* Vol. 21, No.1, 2020)、"Knowing Sea-Level Rise: Interpretive Practices of Uncertainty in Tuvalu" (*Practicing Anthropology* Vol. 41, No.2, 2019)、主な編著に『新型コロナウイルス感染症と人類学 ――パンデミックとともに考える』（浜田明範・西真如・近藤祉秋との共編著、水声社、2021年）などがある。

養豚業の「垂直統合」と工業化された動物種

吉田真理子（以下、吉田）：二〇二〇年四月[*1]に刊行されたばかりのご著書 *Porkopolis* は[*2]、工業的な養豚業を総体（totality）として分析していて、非常に示唆に富んでいると感じました。資本制社会における畜産業というのは、ブタの一生のあらゆる時点から利益を得るべく、きわめて特殊な人間労働を前提としている。均質なブタを集約的に生産し、高い効率性と収益性を実現するために垂直統合や標準化、独占化が行われていて、その大規模なプロセスのなかで、労働者もまた「飼いならされて」いるように思えます。人間の労働形態の変化を、動物の身体性を通して考察するというアプローチはとても興味深く、マルチスピーシーズ人類学でさらに深く議論されるべき点だと思いました。まずは、ブランシェットさんが現代の資本蓄積の形態や、人間以外の種との結びつきについて考えるようになったきっかけを聞かせてください。

＊1　本インタビューは、二〇二〇年六月二四日に行われた。
＊2　Blanchette, Alex 2020 *Porkopolis: American Animality, Standardized Life, and the Factory Farm.* Duke University Press.

アレックス・ブランシェット（以下、ブランシェット）：実は、私はマルチスピーシーズ民族誌への関心や、動物の問題への関心がきっかけでこの研究プロジェクトをはじめたわけではないんです。特に調査をはじめた二〇〇五年頃は、こういったことよりも、幼少期を過ごしたオンタリオ州（カナダ）の農業地帯について考えていました。当時あの地域では、家畜の飼育頭数をどんどん増やしていました。ニワトリは特に顕著で、ブタもある程度増えていました。それで、自分が育った地域社会に何らかのかたちで貢献できるような論文を執筆したいと思っていました。二〇〇五年当時、工業化された農場について書かれたものというと、消費者倫理の観点からのものが多かったのです。「これを食べることは何を意味するのか？」といったような。けれども、工業型畜産によって変わりゆく地域社会で生きることや、日々の労働を取り上げたものは比較的少なく、家畜動物を大量生産しているところで生活し働くとはどういうことなのか考えていました。果たして、一年に七〇〇万頭ものブタを産ませ、育て、殺す場所とはいったいどんなところなのか、と。それである夏、車でアメリカ中を走り回り、さまざまな企業を見学するうち、経営者や役員が養豚の未来について明確なビジョンを持っている拠点を見つけました。彼らにとって、産業資本主義的な哲学や目的論というのは、養豚にまつわるすべてを「垂直統合」することにありました。垂直統合というのはつまり、種付け用の雄ブタの飼育、繁殖畜舎、飼育畜舎、食肉処理場、後処理施設などをすべてひとつの企業の傘下に収めることです。家畜の一生をより高度に管理し、より均質なブタを生み出すというのが垂直統合の目的でした。中西部やグレートプレインズをはじめて訪れた時に想像していたのは、家畜の一生を科学技術によって支配する大規模な事業でした。けれどこうした地域で暮らし、働くうち、実際はかなり脆弱なプロジェクトであることがわかりました。彼らはブタの身体を徹底的に管理して均一性をはかったり、新たな価値を引き出そうとしたりしていましたが、実際にはさらなる利益や成長を見出す余地がなくなってきている現実に直面していました。ブタというのは、過去一五〇年間にわたって工業化の対象となってきた生きものです。そういうわけで私の民族誌は、ある企業がブタをあらゆる次元でどう完全に支配するようになったかを描いた典型的な告発、つまり企業による支配の民族誌というより、既に工業化され尽くした畜産業でなんとか成長を続けようとする企業の苦闘を分析したものになりました。個々のブタは支配され、重篤な危害を加えられる対象になっているかもしれません。その一方で、ビジネスモデルとして工業化されたブタが、ある種の主体として現れていることに気づきました。日々の仕事や生活は、資本家がブタから新しい価値を絞り出すため組織化されていました。

労働と複数種の絡まり合いという観点で言えば、私は工業型のブタについての民族誌を書こうとしたのです。*Porkopolis* は一般的なブタの話ではなく、時代を超越した生物学的存在の話です。そして、「工業型のブタ」とは、ある意味では資本制的な人間の労働搾取と結びついた生きものを指します。賃労働をめぐる関係性のなかで不均衡に出会わされ、知覚され、生成される生物種です。そんなわけで、超工業化された存在形態を囲い集めるときに生じる、人間のさまざまな主体性、意識のありよう、労働作業を考察しました。

吉田：複製可能な畜産モデルをもとに工業化される動物は他にもいろいろありますが、そのなかでブタを選んだのはなぜですか。

ブランシェット：それにはいくつか理由があって、私はブタを、極度に工業化された最初の動物と捉えています。例えば畜牛は、少なくともアメリカでは今でも不均質な面があります。農家が所有する牛舎や牧場がまだ残っていて、ウシたちは一生のほとんどを広大な牧場で過ごし、最後に飼養場に入ってから食肉処理場へ送られます。また、養鶏を現代の工業化された畜産業のモデルと見なす人もいます。しかし、養鶏が工業化されたのは比較的最近で、実は一九五〇年代に入ってからなのです。私は、最近の工業化や一九八〇年代に起きた出来事だけに因らない生物種を取り上げたいと思っていました。つまり、より長い時間軸で工業化されてきた動物について研究したいと思ったからです。

もうひとつの理由は、組織形態です。通常アメリカでは、養鶏業は契約ベースで組織化されています。例えば、食肉加工会社や飼料製造会社は、表向きは自営の養鶏農家と契約していたりします。一方、養豚業の場合、半分は養鶏業と同じような契約ベースですが、もう半分は、彼らの言葉を借りれば「契約を超えた」事業形態をとっています。私が着目したのは後者でした。こうした企業は、建物と土地のほとんどを自社保有していて、ほぼ賃労働のみで経営していました。契約関係を結んでいる畜産農家はほんの一部で、実質的には畜産家を必要としない組織形態です。調査当初、私は初歩的ながら一筋縄ではいかない問題意識を持っていました。「工業型畜産」の「工業」とは何か。また「産業化された養豚」の「産業」とは何かという問いです。私が取材した企業は、資本主義の本質について明解な哲学を持っているように見えました。なかでも、自社の事業を、産業主義のいわゆる発展史的段階を通過していると捉えている経営者がいました。請負契約やもっと古い家庭内労働の「出力」システムを、工場生産や垂直統合、直接所有へと変えていった産業は数多くありますが、こうした産業を踏襲していると考えていたんです。二〇一〇年代初頭、ブタという生物種は、いわゆる「工業型」畜産のプロセスを検討するにあたって最も興味深い対象でした。世界中で畜産というものが垂直統合された企業によって次々営まれるようになっていたので、タイムリーなプロジェクトでした。しかし、蓋を開けてみると不思議なほど時代に即していない。ポスト工業化時代のアメリカにいるのに、地方では強い意志を持って工業化が行われているのです。

吉田：ブタの一生を通して、工業型畜産が再編成しているのは人間社会だけではない。飼料工場、遺伝資源センター、養豚場、食肉処理場、ペットフード工場、豚骨の粉砕施設といった「ドムス」と人間・非人間の関係性も組み替えているということですね。ブランシェットさんは、経営者から日本の製造業の理論に関する講義を受けたそうですね。現代のアメリカの養豚産業が、戦後の日本の生産システムに倣った垂直統合モデルとして構造化されている点に衝撃を受けました。

ブランシェット：私も驚きました。アメリカでは特に、これらの企業に取材するのは難しいのです。何でもかんでも社外秘にするわけではないにせよ、多くの企業は大体慎重になります。ですから、ひたすら正直に、自分が何を調査しているのか伝えました。私がはじめに関心を持ったのは、「工業型畜産」において「工業的」であるとはどういうことかという点でした。アメリカでは、「工業型畜産（ファクトリーファーム）」という言葉は否定的に捉えられます。通常は軽蔑を込めて使われる言葉なので、この問い自体、インフォーマントを動揺させるだろうと思っていました。しかし、驚いたことに、役員や経営者と話すと、「我々もその問いに興味があります」と言うのです。興味、と言っても明らかに私とは違う意味での興味でしたけれども。彼らが何をしていたかというと、統計やリーン生産方式、品質改善モデルなどを従業員や経営者に講義していたのです。製造業理論の講義を一緒に受けるうち、研修講座の目的がだんだんわかってきました。

第一に、動物種の垂直統合について理解するということです。ブタが一生のうちに通過する作業場ひとつひとつに、固有の歴史、文化、物質的な労働プロセスがあります。食肉処理場の工業化は、一八六〇年代にシンシナティ（アメリカ合衆国オハイオ州）ではじまりました。一方、畜舎における監禁飼育と工業化が推し進められるようになったのは、かなり最近の話です。食肉加工の町で生まれ育ち、地元経営幹部としての地位を築いた人間は、地方の農場で動物たちに囲まれる生活をしていた人間とは全く異なります。また、母ブタに人工授精をするという物質的な行為、つまり労働プロセスそのものは、フォード主義的な解体ラインに沿って一日に一万九〇〇〇頭のブタを屠殺するのとは根本的に異なります。ですから、研修講座の目的は、まず異なる背景をもった者同士がお互いをよく知るための場を提供することでした。あるCEOは、「私たちはブタを統合したが、次は人を統合しなければならない」と話していました。また、研修には、母ブタの授精、ブタの出産、ハムのスライスといった特殊性を抽象化して、定量的な指標の共通言語を身につけるという目的もありました。当時（二〇〇〇年代初頭）、このような事業が

生後約四カ月のブタを検査する男性。 Photograph copyright and courtesy of Sean Sprague.

目指す輸出規模は、私の想像をはるかに超えていました。彼らは、できるだけ多くのブタ肉をアメリカ国外、特に日本と韓国に輸出しようとしていました。これらの国々の卸売業者は、高品質のブタ肉をより高価格で買い付けます。一部の企業は、既に高価値をつけられたブタからさらなる価値を引き出すために、より多くの肉の部位を見つけようと熱心に試みていました。戦後の製造原理の知識を身に着け、多くを語ることができたら、世界中の卸売業者とよりよいコミュニケーションが取れ、卸売業者だけが使いこなす特有の言語を体得できると考える人もいました。

もう一点補足すると、これらの研修講座は品質向上クラスと呼ばれています。経営者の言う「品質」とは、生産工程のばらつきを減らすということです。ブタに投下される労働量や労働環境、変数のばらつきを少なくすることで、より均質性の高い肉質を目指しているのだと思います。品質とは均一性のことであり、世界の卸売業者がブランド化において最も重視している点です。研修講座では、二一世紀初頭に生きものを工業化するとは何を意味するのか、人々が再帰的に問い直している現場を観察でき、興味深かったです。例えば、自動車工場で生まれた認識論を生物学的存在の生成に当てはめていくということが行われていました。しかしこれはあくまでも座学の講義です。時間をかけてブタを均質化していくことは、経営者による講義だけで達成できるものではありません。遺伝子工学を用いた育種や飼料ペレットの生産、そして、種付け用の雄ブタ、雌ブタ、子ブタ、死骸など、さまざまなブタに対する振る舞いに至るまで、ブタのライフサイクルのあらゆる段階で新しい支配とエンジニアリングが求められます。

均質なブタ肉を作る

吉田：現代の日本のブタ肉輸入量のうち三割近くがアメリカからで、世界的な物流インフラに大きく依存しています。国内の飼料産業も輸入の飼料原料なくして成り立ちません。日本のバイヤーは、より高い収益性を得るために仕入れを拡大し、日本ではなくアメリカで加工費を支払ったり、付加価値のある製品を入荷したりしています。*Porkopolis* では、バイヤーと販売者がカットの種類だけでなく、特定の風味を出すための脂身の比率についても指定していますね。色味の強さや水分含量、長い消費期限が、物流の質を維持するうえで非常に重要であるという点も興味深いです。国境を超えた分業形態を特徴とするグローバル物流は、均質なブタ肉づくりにどう関係しているのでしょうか。物流が多様化するなかで、人間の労働はどのようなかたちをとっているのでしょうか。

ブランシェット：あなたが提起している問題は広く言えば、これらの企業がどのように、時間の経過とともに均質化してゆく動物の飼育と動物殺しを実現しようとしているかということだと思います。経営者がブタの一生を標準化し、自分たちや従業員をも標準化した生活に組み込んでいるのを間近で見るうち、現代の工業型畜産に関するそれまでの理解が覆されました。はじめに立てていた仮説というのは、自動化が進み、テクノロジー主導で景観や動物の生活が支配されるにつれ、人間の労働力に依存する部分が少なくなるというものでした。工業化の過程で賃金労働者が減っていくという典型的なストーリーです。しかし、ブタが室温管理された屋内で、自動給餌機などを使って飼育されている一方で、膨大な人間の労働力が必要とされていました。もっと均質なブタを作るためにはもっと多くの人手が必要です。少なくとも、ブタが生まれてから死ぬまで、より多様な業務や介入ポイントがあります。高度に工業化された食肉処理場は、COVID-19のウイルス感染の温床として広く知られるようになりましたが、ここでも、二五〇〇人もの人々がベルトコンベア上で働いています。動物の身体や筋肉には個体差があるので、腱や脂肪のつき方の違いによって均一に切り分けるためには、何千人もの労働者が同じ動作をしながら、逐一その場で調整しなくてはなりません。全てのブタの体重を生後六カ月できっちり二八五ポンドにするには、信じられないほどの集約型労働が求められます。ブタの生死のサイクルを通して、労働プロセスを開発できる場所をどんどん見つけていくのです。ある意味、生きものの標準化というのは、人間の労働がブタの存在そのものにさらに深く介入できるよう、ブタを解体して再構築することかもしれません。つまり、ブタそのものを、より多くの労働力を生み出すための肉の地勢のようなものに変えてしまう。感染症が個体間で伝染しないよう勤務時間外の行動を監視することから、ブタの表皮に特化した新しい労働[*3]、人工授精、さまざまな薬の投与、屠殺して、ブタをより細かく分解することまで、すべてが含まれます。工業製品としてのブタが今まで以上に労働力を必要としているのは明らかです。

吉田：ブランシェットさんの分析で興味深いのは、各業務が質的には変化することなく、しかしシステム化されたオペレーションによって継続的に商品化が拡大していくという点だと思います。その一例が食肉流通バーコードによる情報化であり、一〇〇〇以上の商品コードがあることを指摘していらっしゃいますね。また、経営者が生物種を定量的に再生産する装置を「群れ（the herd）」として定義づけ、ブタの品種が統計的に導き出された生命の単位に変わる様を分析されているのも示唆に富んでいました。こうした拡張は日本の養豚業でも見られます。例えば「三元豚（三品種のブタの交配種）」や「四元豚（四品種のブタの交配種）」のような交雑ブタの生産を通して資本主義的価値が引き出され、日本のブタ肉ブランドの基礎を築いてきました。標準化されたブタの一生は、アナ・チン[*4]の言う「スケーラビリティ」の文脈でさらに議論できるでしょうか。工業製品としてのブタ肉を、拡張性のあるスケーラブルなプロジェクトとして捉えることについてどう考えますか。

ブランシェット： こうした事業の設計者にとって、「スケーラビリティ」の実現は観念的、あるいは幻想的なものだと言えます。スケーラビリティとは、一頭のブタを生産することと七〇〇万頭のブタを生産することに違いがないという意味だと理解していますが、そうしたスケーラビリティはぜひとも実現したいでしょう。しかし実際には非常に困難で、常に失敗しているように見えました。例えば、ブタの生産を年間六〇〇万頭から年間七〇〇万頭に増やすということは、労働プロセス（殺処分のベースアップなど）と生態系（ブタの感染症の増加など）の両方を変えることを意味しています。にもかかわらず、多くの点で、これらの事業はスケーラビリティ、あるいは私が「総体の生成（totality-making）」と呼ぶ概念を前提としています。より多くのブタ肉を無限に作ろうとしているのです。無限に標準化でき、無限に多くの製品を生み出せる動物です。おっしゃるとおり、ブタから生み出される製品には現在一一〇〇個の商品コードがあり、さらにもう数百個のプロダクトコードが生み出される未来が予測されています。

＊3　具体的には、革、コラーゲン、加熱、精製したコラーゲンペプチド……といった、豚皮由来の工業製品を生み出す労働である。ブランシェットは、一つの生物種を細分化し、無限に拡張を続けながら利益を引き出していく過程を描いている。アナ・チンの言う「スケーラビリティ」が、工業型畜産においては種内で見られるというのが重要な点である。

＊4　チン、アナ　2019『マツタケ――不確定な時代を生きる術』赤嶺淳訳、みすず書房。

これらはもはや実験的な領域に踏み込んでいると言ってもいいかもしれません。より多くのブタの身体の部品を作るだけでなく、モジュラーモデル（共通規格の既存部品を組み合わせて新たな工業製品を作るモデル）を開発しようとしています。世界中で、特に南米や東欧のような穀物価格の安い地域で簡単に再現できるモデルです。実現はまだ先ですが、こうした試みはブタ肉だけでなく、類似の事業を世界中で再現するための投機的な未来にも収益性を見込んでいます。

一方で、実際のところそういったモデルは常に失敗しています。*Porkopolis* が考察しているのは、そういった家畜の集約性を維持するために人間や人間社会に求められる、継続的かつ終わりのない変容についてです。企業は、ブタそのものではなく、工業製品としてのブタ肉を生み出すインプットとなる、エンジニアリング的な人間の存在様態に着目しなければならないことを認識しています。これも、ブタの群れを維持し拡大し続けるためです。親族関係、男女関係、人種関係、階級関係など、日常的なことが改めて問われるようになっています。高齢化が進んだり、地域の農村生態系に感染症が蔓延したりするにつれ、人体そのものさえも産業構造の問題として認識されるようになっています。調査中、完全にはそのことを理解できていなかったのですが、最終的には養豚そのものの解明ではなく、ブタの集団に適した方法で人間の組織形態を作り変えようとする試みを分析しました。

知覚する生物種

吉田：あなたは、サラ・ベスキー氏との共編著 *How Nature Works: Rethinking Labor on a Troubled Planet* で、[*5] サプライチェーン資本主義を、労働者が同じやり方で行う反復作業と、集合的な暗黙知（刺激による雌ブタの発情誘起など）双方を伴うものとして位置付けていますね。人間とブタをめぐるこうした単調な生産労働は、ブタの意識や知覚を

発情徴候を確認されている雌ブタと、遠隔操作で唾液に含まれるフェロモンを飛散されている種付け用の雄ブタ（写真最左）。Photograph copyright and courtesy of Sean Sprague. All rights reserved.

どうコントロールしているのでしょうか。

ブランシェット：*How Nature Works* に寄稿した論文では、公に語られる工業型畜産を批判することが目的でした。誰も観ない深夜帯の番組で告発されているような養豚システムは、切り取り方が限定的です。人の手による作業がほとんどなく、機械がほとんどやってくれて、人間と接触せずに機械のなかを通過していく存在としてブタが描かれるので、退屈で単調なものに見えるかもしれません。しかし実際には、ブタの体重が四五キログラムを超えるような成長期を除いて、すべての業務に人間の労働が介在しています。私が調査した企業では、ブタの飼育・繁殖を行う畜舎に約二〇〇〇人の従業員がいました。論文で考察したのは、ブタが信じられないほど単調な生活をしていて、その単調さが彼らの身体にはっきりと表れている、という点でした。妊娠したブタは、妊娠ストールと呼ばれる檻のなかで一日中横たわっているので床ずれを起こします。逆説的かもしれませんがここで重要なのは、非常に単調な存在が多大な労働に裏打ちされているということです。それに気付いたのは、第六繁殖畜舎と呼ばれる、人工授精と子ブタを出産する豚舎で仕事していた時でした。よく同僚から、ブタの前でどう振る舞うべきか教わっていたんですが、ある時、雌ブタをイヌやネコを撫でるような手つきで撫でてみたのです。それが私の知っている、動物に対する振る舞いでした。すると同僚が大声で「ブタに触らないで！」と注意しました。個体に注意を払うといういつもと違う振る舞いが、雌ブタを動揺させ、興奮させる危険性があったのです。ブタはケージのなかで暮らしていますから、そういうことが起きると流産に繋がる可能性もありました。また、勤務中ずっとブタに見られていたのを鮮明に覚えている労働者もいました。ブタたちは常に労働者たちの動きを読み取ろうとしていたそうです。そこで私は、アグリビジネス関連の学術誌を読み、ブタがどのように色や音、人間行動を認識し、それらが産仔数やブタの「出来高」にどのような影響を与えるのか、といったことについて情報収集しはじめました。そして、単一のタスク、例えば発情や代謝だけを行うブタに関わる時、労働者は自分の身体や振る舞いが動物にとって意味のあるサインを出している可能性に注意を払わなければなりません。均質に育てられたブタの周りで均質な行動をとろうとする労働者を観察していると、ブタの感受性自体が労働者の振る舞いの生成に関わっているような感覚がありました。工業化が進むにつれ、免疫系やホルモン系、神経系に至るまで、人間労働の対象として扱われる動物が多面化していくのがわかりました。

もうひとつ重要なのが、アメリカで家畜産業は、しばしば非熟練の「肉体労働」として語られます。反復的で、単調な労働が多いというのがその理由です。私の担当業務のひとつに、人工授精を行うため母ブタの背中に一日中座り続けるというものもありました。けれどそのシステムを支える労働者の専門知識にも注意を払う必要があります。実際、養豚場では、動物の一生に関するさまざまな深い知識が求められます。例えば、四〇万頭の出産に立ち会ってはじめて身に着くような、子ブタを正しく取り扱うための技術。これは非常に脆弱な養豚システムを支えている知識のひとつです。

吉田：ブタの知覚に関して暗黙知的な専門知識が、ある部門から別の部門の季節労働者へと伝搬されることはありますか。管理職がそうした知識を、入ったばかりの労働者に教えることはあるのでしょうか。

ブランシェット：はい。私に仕事を教えてくれたのは、グアテマラシティからアメリカのグレートプレインズに移住してきた人でした。彼は長年ブタの畜舎で働いた後、最終的に下級の管理職のポジションに就いていました。いろんなことをよく知っていて、他の同僚も知識の宝庫でしたね。養豚場や食肉処理場で働く労働者は入れ替わりが激しく、ほとんどが勤続一年未満だったりするのですが、驚いたことに、養豚場で一緒に働いた同僚の多くが、過去一〇年間で他の食肉加工会社で働いたことがありました。中西部全域の工業型畜舎で働いていた友人もいました。彼らは多くの企業で働き、そのなかでいろいろなコツややり方を身につけてきました。一方で、上級管理職は生身のブタと関わりを持ちません。確率や統計、モデル化といった次元で、一八万頭の母ブタの出産や、七〇〇万頭のブタの生産増大に注力しているからです。あまり一般化したくはないですが、各工程を遂行するために必要な知識が、何世代にもわたって磨かれ、翻訳されているように感じました。

脱工業化と脱人間中心主義

吉田：ディクソンで調査されていた当時、二〇〇〇年代半ばのアメリカの大不況と社会経済的な落ち込みが、労働

＊5　Besky, Sarah and Alex Blanchette (eds.) 2019 *How Nature Works: Rethinking Labor on a Troubled Planet*. University of New Mexico Press.

者の動態に影響を与えていたと思います。分業によって労働者同士が隔てられているどころか、経営者が労働者の顔を見ることすらできないバイオセキュリティゾーンの特性も興味深いです。ブタの生命世界に関する経営者の知識と、労働者の日常知識との間には、対照的な隔たりがあるように思います。

ブランシェット：管理者と労働者の間にある産業階級的な隔たりは決して単純なものではありません。それだけでなく、動物や畜産に関する経験も根本的に異なります。垂直統合されたシステムでは、「労働者」と呼ばれる人たちは、動物のある一面だけに特化した作業に従事する傾向があります。ブタの感染症がある場所から別の場所に広がるのではないかというバイオセキュリティ上の懸念もあって、異なる作業場を労働者が行き来することはあまりありません。本のなかで、ある女性の同僚について触れていますが、彼女は子ブタの扱いには非常に慣れている一方で、屠殺場に足を踏み入れたことは一度もなくて、おそらく、生後二一日以上の子ブタを見たこともないと思います。雌ブタの生殖本能を刺激する方法について、実地経験に基づいた知識を持っている労働者もいましたが、屠殺場や、種雄の精液を抽出する部門で働いたことはおそらくないはずです。つまり、人間とブタとのあいだに親密な関わりがあったとしても、あくまで緻密な分業の発展を前提とした資本制的な親密さです。対照的に、管理職の人たちはブタのライフサイクル全体を改良しようとします。彼らの業務が扱っているのは、ブタの精液から一〇〇種類の製品までのすべてです。彼らが向き合っているのは、私が思い浮かべるような、畜舎で寝そべっている個々の動物（animals）ではなく、動物性（animality）なのです。飼料の投入量から地域の天候パターンまで、生身のブタを構成し影響を与えるすべてのものを対象にしています。また、彼らは、先ほどお話しした製造理論も含めて、動物の繁殖、出産、飼育、屠殺という非常にバラバラな行為をひとつのプロセスとして捉えるための認識論を開発しようとしています。個々の動物ではなく、垂直統合されたブタをモデル化していると言えます。

吉田：「資本新世（Capitalocene）」[*6]において、そのような親密さを検討することは非常に重要ですね。そのような資

食品加工工場に輸送されてきた何千頭ものブタ。Photograph copyright and courtesy of Sean Sprague.

本主義的な親密さをもって、彼らは生産サイクル全体を組み立てラインのように捉えているんですね。あるインタビュー[*7]のなかで、ブランシェットさんが「現代のブタ肉生産の現場は、人間中心でもブタ肉中心でもなく、むしろ資本中心である」と指摘されていた理由が今なら理解できます。

ブランシェット：そうですね。私は「人間中心」という言葉が好きではありません。ある種の画一化された人間性の下、生態系や種を支配することを暗示した言葉のように思えるからです。工業型畜産は、種内の搾取と種間の搾取が同時に行われている場として見る方がよいと思います。そこでは、人間の労働者を搾取するための地勢を生み出す存在としてブタが作られています。逆に言えば、私がいた地域は、動物の繁殖を最大化し、屠畜のペースを加速させるために組織された企業街のようなもので、「ブタ中心」と呼ぶにはおおげさかもしれません。あくまで資本主義的畜産を目指して生産性の増大をはかる場所にすぎません。新しいモデルや指標、品種を生み続けながら、常に収益性を高めていくのです。

吉田：東京の豊洲市場でも、連動した株式所有、高度に管理された売場、整備された競売システムというかたちで垂直統合が採用されています。しかし、垂直統合されたネットワークの内部を見ていると、養豚業とは大きく異なるかたちで分業が行われているように思います。仲卸業者は、それぞれ特定の業界に分かれていて家族経営が元々の基盤です。仲買人には担当の魚種というものがあって、（競りなどの）関連業務が割り振られます。卸会社の社員も、特定の魚種を担当しながら経験を積んでいきます。この違いは、労働者が特定の経済的ニッチを支配しているかどうかの違いと捉えることができるかもしれません。

ブランシェット：そうですね、畜牛に関しても似たようなことが言えるかもしれません。養豚場で一緒に働いていた同僚の多くは、牧場や肉牛の肥育場で働きたいと考えていましたし、実際そういう業務の方が給料が高いのです。しかし、人種差別的な背景から、グアテマラやメキシコ出身の人々に開かれた雇用形態は、養豚場での仕事だけでした。たとえそれまでメキシコ北部の牧場で働いていたり、似たような就労経験があったりしたとしてもです。ウシは奥深い歴史をもち、昔から文化的にも経済的にも価値のある労働力として重宝されてきた生きものでした。この点では、ブタとウシという異なる種の間に、人種階級的なヒエラルキーがあったように思います。私は、ある動物種が別の動物種よりも多くの技術や専門性、知識を必要とするとは思いませんが、いずれにしてもこれらの動物種の間で人種的な分業が正当化されていました。けれど、いずれにしても異なる動物種の間で人種的な分業が正当化されていました。

吉田：あなたは、*Porkopolis* のなかで、ポスト人間中心主義的なバイオセキュリティについて、以下のように指摘されていますね。

家畜動物を屋内に閉じ込めることは、他の生物との予期せぬ接触（例えば人獣共通感染症の病原体の宿主になりやすい野生のガチョウなど）によるウイルス感染を避けるため正当化される。生きものを工業化するために切り開かれてきたこの地帯は、労働する身体とそれが生み出す予測不可能なリズムが、いかにしてブタの感染症に巻き込まれていくかを示している。もはや人間社会はブタの感染症をため込む「貯蔵庫」の中心なのだ。*8

私は新型コロナウイルス感染症を含む人獣共通感染症について、これと似たようなことを考えていたのです。新自由主義的な資本主義社会において、気候危機の問題は同じ生産モードに起因しています。また、自然の過剰搾取によって、人間と（人獣共通感染症の）宿主動物の接触や近接性が問題視されていますよね。つまり私たちは、社会全体に跳ね返ってくる新たなリスクに身をさらしているわけです。そう考えると、ご著書の最後で脱工業化を指向されているのが非常に興味深いです。脱工業化という概念は、人間と人間以外の生物社会をどのように定義し直していると思いますか。

＊6　人新世（Anthropocene）という地質時代区分が、ややもすると本質主義的な言説を導いており、この点を乗り越えることがマルチスピーシーズ民族誌が取り組むべきひとつの課題である。つまり、人新世という用語は、現実の社会階級やジェンダー、人種の不均衡性を捨象し、単一の「人間像」として一括りにしている。さらに重要なのは、（人新世を特徴づける）気候危機や生物多様性の喪失を生み出しているのが、こうした不釣り合いを必然とする資本制であるという点である。このような視座のもと、二〇一四年に環境史家ジェイソン・ムーアと人文地理学者アルフ・ホーンボーグによって「資本新世」が提唱された。ダナ・ハラウェイの「クトゥルー新世」も同様の言説実践である。

＊7　Blanchette, Alex 2020 "The pig has been made to surround us in radical ways: Pork on the frontier of capitalism."（https://thisishell.com/interviews/1174-alex-blanchette　最終アクセス日：二〇二一年五月二八日）

＊8　Blanchette, *Porkopolis*, p.50.

ブランシェット：その読み方は素晴らしいですね。アメリカでも、他の社会でも、私たちが期待するほど脱工業化が進んでいないというのが現実です。今日のアメリカで、工業部門の就業人口が少なくなってきているのは事実ですが、一方である地域では超工業化が進んでいます。五〇〇〇人もの人々が年間七〇億頭もの家畜の生産に携わっている。つまり、ほとんど前例がないほどの過度な生産性を獲得しているということを意味します。現在、私たちの日常生活にかかわるほぼ全てのものが、工業化された産業活動から生まれています。気候パターン、水運、航空なども、より一層工業化されています。製造業の従事人口が減少傾向にあったとしても、現実の生活は産業労働によって媒介され続けている。ひょっとすると、一九二〇年代や一九五〇年代よりもさらに過度に工業化されているかもしれません。現代のアメリカの農業について考える時、「工業化」というと、化石燃料や機械の多用、大規模生産を指しがちです。でも私は、産業資本主義の観点から工業化（と脱工業化）について考えています。産業資本主義とは、社会的・集団的価値を人間の労働力に置くことを偏重し、労働力を搾取するための新たな場所を探し続ける時代です。ブタがその最たる例です。ブタという動物は、一五〇年に及ぶ資本主義の複合的なエンジニアリングを内包しているのです。一頭のブタから、何百種類、何千種類もの製品が生み出されます。ブタは、労働によって不均衡に形作られ、認識され、出会われてきた動物なのです。調査を経て、私は脱工業化を、意識的で、野心的で、最終的にはポジティブな方向性を見出すプロジェクトとして、どう捉え直すべきか考えるようになりました。これは今私たちが一丸となって達成しようとしているテーマだと思います。労働者を追い出すことではなく、共同体としての急進的な政治目標となるものです。仕事を減らし、何かに対して仕事するのを減らすこと。社会への貢献度を、労働生産性や効率性を中心に考えるのをやめること。働かないでおくことや、非効率なプロセスを許容することに価値を見出すこと。労働を介してではない方法で、ブタやその他無数の生きものと関わりあうこと。それがこの本の結論であり、今後も私が取り組みたいテーマです。

現在、シカゴの労働組合のストックヤードが遺した影響、廃墟、遺構についての長期調査を進めています。この食肉加工場は一八六〇年代から一九四〇年代にかけて、現代の私たちがイメージするようなアメリカの産業主義の多くの側面を生み出しました。例えばヘンリー・フォードは、この食肉加工の解体ラインから自動車の組み立てラインの着想を得たようです。今、シカゴの一六カ所を調査中なのですが、地元住民はこの閉鎖された食肉処理システムを社会的にも生態学的にも継承することが何を意味するのか、すべてを過去の遺物にすることが何を意味するのかを考えているように思います。引き続き現地の人々と一緒に、「真の意味でのポスト工業化、脱工業化の瞬間に到達した」と言えるのはどういうことなのかを理解したいと思っています。脱工業化をめぐる集団的実践とは何なのか考えていきたいですね。

吉田：シカゴの労働組合のストックヤードに関する調査プロジェクト、興味を惹かれますね。おっしゃるように、モノを生産することを中断する、というのはある意味能動的かつ再帰的な実践と言えます。この点を念頭に置いたうえで、自然を過剰に酷使するなかで何が生まれているのかを深く考える必要がありますね。自然とは何かを再検討することにも繋がりそうです。興味深いお話を聞かせていただき、どうもありがとうございました。

第三章　人間－動物関係をサルの視点から見る

ジョン・ナイト
合原織部（聞き手）

ジョン・ナイト　John Knight
クイーンズ大学ベルファスト校人類学講師。日本を専門とする社会人類学者で、環境人類学と人間と動物の関係に関心を持つ。主な著書に *Waiting for Wolves in Japan*（2003)、*Herding Monkeys to Paradise*（2011）などがある。

合原 織部　Oribe Gohara
京都大学大学院人間・環境学研究科博士課程。自然・動物と人間との関係性の動態に関心をもつ。主な論文に「猟犬の死をめぐる考察 ――宮崎県椎葉村における猟師と猟犬の接触領域に着目して」（大石高典・近藤祉秋・池田光穂共編『犬からみた人類史』勉誠出版、2019 年）などがある。

日本の山村、ニホンザルとの出会い

合原織部（以下、合原）：ナイトさんは、社会人類学者として、日本の紀伊半島の山村を対象にした数多くのフィールド調査をされてきました。扱ってきたトピックは、狩猟、農業、林業、そして人間と野生動物とのコンフリクトなど、広範囲にわたります。近年の研究は、日本のモンキーパークにおける人間とサル（ニホンザル）の関係性をワイルドライフ・ツーリズムの場として考察するものです。これまでの研究では、今日の日本における人間と動物の関係性のダイナミクスが主なテーマとなっていたように思うのですが、どのような経緯でこれらのトピックに関心を持ったのでしょうか。また、調査対象として日本の山村を選んだ理由はありますか。私自身、宮崎県の山村で人間と野生動物とのコンフリクトに関する調査を行っていて、このようなトピックに関心があります。

ジョン・ナイト（以下、ナイト）：一九八〇年代に博士課程の学生として日本を訪れ、和歌山の本宮町で山村での過疎化について研究していました。本宮には約三年間滞在して、町の外へと移住し、お盆や正月に故郷へと帰省する人々といった、特に人間の移動に注目していました。最終的に博士論文では、観光客（本宮には有名な温泉があるため）や「Iターン」と呼ばれる移住者や、外に移住していく人々を扱いましたが、私の主な関心は、人々が地元

ニホンザルのグルーミングを携帯電話の写真機能を使って撮影する観光客（大分市、高崎山自然動物園）。Photo by John Knight.

を離れる理由や、そのような移住が残された村へ与える影響にありました。これが私の日本での研究における第一ステージだったと思います。この時、村が動物が住む森に囲まれていたこともあって、研究の背景程度ですが、動物への関心もありました。一九九〇年代に追加調査で本宮に戻った時、森の動物にも強い興味が湧き、それらの動物と、耕作を諦めたり村を出たりしていく人々、また村に侵入して農作物を荒らす動物と人間の関係性などにも関心を持つようになりました。はじめてモンキーパークに関心を持つようになったのは、一九九〇年代後半に本宮出身の人と和歌山の伊勢ヶ谷モンキーパークを訪問した時のことでした。そのパークがある椿エリアを訪れたのは、その周辺で深刻な猿害があると聞いたからなのですが、それがモンキーパークに関心を持つきっかけになりました。猿害の温床となる可能性があるにしても、モンキーパークは魅力的な場所です。伊勢ヶ谷をはじめて訪れてから、機会があるたびに伊勢ヶ谷や、他の地域にあるモンキーパークを訪問しました。結果的にこの経験は、日本の人間とサルとの関係性に関する私の視野を広げてくれました。村で生じている人間と動物のコンフリクトだけではなく、日本での人間と動物の関係性について、もうひとつの側面であるワイルドライフ・ツーリズムについて学ぶことも有意義だと考えるようになりました。それは野生動物を、害獣としてだけではなく、観光の資源としても捉えるということです。モンキーパークの研究を通じて、私のテーマは人間とサルのコンフリクトから、サルが人間の魅力を受け取ることへと移っていきました。

二〇〇〇年代には日本中のモンキーパークを訪れましたが、なかでも特に深く関わったのが、小豆島の銚子渓自然動物公園でした。そこは他のパークとは違い、来園者が屋外で自由にサルにエサを与えることが許されていました。スタッフと知り合いにもなり、今ではそこが一番よく知っているモンキーパークです。銚子渓自然動物公園は、私のモンキーパークに関する研究のメインの調査地となり、二〇一八年までの間、機会があるたびに訪問しました。しかし、私のモンキーパークに関する調査は、もともと和歌山の山村で行っていたような長期滞在型のフィールドワークとはやり方が異なります。私は本宮に三年近く滞在しましたが、モンキーパークの研究は、短期間で複数回行った結果を元にしていました。小豆島でさえ、滞在期間は数週間を超えたことがありません。

人間の動物観、動物の人間観

合原：現代日本の人間と野生動物の関係性を考える時、近年の自然・社会環境の変容、特に農山村が経験してきたことを考慮するのが重要です。あなたの編著である*Natural Enemies*（『天敵』[*1]）と著書である*Waiting for Wolves in Japan*（『日本で狼を待ちながら』[*2]）では、現代日本の山村状況について論じています。それによれば、山村で過疎が起こるのは、人々が仕事を求めて都市に移住した結果だと言います。そして山村に人がいない状況は林業や農業の活動を低下させ、それが森林の野生動物の圧力に抵抗する人々の力を弱めることにつながると論じていて、このような人間と野生動物の衝突が生まれるプロセスは、日本の農山村に特有のものであると指摘しています。日本の人間と動物の関係性が持つ特異性について、もう少し説明していただけますか。また今日の日本において、地方と都市の分離や、過疎化、人間と野生動物の衝突の問題は、以前にも増して深刻です。あなたは人間と野生動物の関係性について、この変化をどのように捉えていますか。

ナイト：人間が都市に流出し、野生動物が農山村に侵入することを、英語ではencroachmentという語で表します。社会人類学者として、私のアプローチは、山村の住民がその「侵略」という状況をいかに理解するのか、それをいかに彼らの生活における大きな変容として捉えるのかを理解することにあります。彼らにとって、村と山林の境界は非常に重要なのです。

合原：そうですね。彼らはそれを区別していますね。

ナイト：動物が村のはずれに住んでいる時でさえ、動物が村に入ってくることは、村人たちにとってはある意味無秩序で異常な経験なのだと思います。それはどのような無秩序なのか。これに答えるためには、日本の山村住民の事例のように、ある場所に私たち人間が独占的に居住するのではなく、他のさまざまな存在とも重なり合っているという前提からはじめるべきかもしれません。そして、このような場所での暮らしには、活動的な人間の存在が必要です。この考え方は、過疎化に対する私の理解を次第に変えていきました。はじめのうちは、過疎化を単に数値の問題として捉えがちでした。役場の職員が人口減少についての話で取り上げる数値と似ているかもしれません。人々は過疎について、単純に人口減少によって生じる量的で数値的な問題という印象を持つ傾向にあります。ですが、私は、過疎は量的かつ質的な問題であり、山村の生活空間における人々の活動の減少と連関していると確信しています。簡単に言うと、山村で効率よく暮らすには、人々はそこで「活動的」に住まなくてはならないということです。逆に、過疎は環境に関わる活動が失われた状態だとも理解できます。単に人口だけでなく、残された人々の活動が減り、農作業や草むしり、植生除去もしなくなり、村のなかや近くの森を動き回ることも少なくなります。つまり、農山村の過疎化は「環境の不活性化」であり、このような人間の活動の減少が森の動物が侵入する状況を作り出すと考えられます。これが、農山村の過疎化と野生動物の侵入が同時に生じるひとつのあり方だと思います。農山村と都市の乖離と、人間と野生動物の関係性の変容との関係についても質問されていましたが、私は動物がどのように人間を見るのかについて知りたいと思っていました。日本の民俗学者らは、時々「人間の動物観」という概念を使います。人間が動物をどう見るかというのは、魅力的な研究対象です。しかし、その言葉の逆、動物が人間をどう見るかという「動物の人間観」と呼べるようなものもとても興味深いと考えています。日本の農山村では、動物が人間に対する恐怖心を失ってより大胆にふるまうことが、今日大きな問題になっています。このことが逆に人間を刺激し、彼らがさまざまな方法で動物を追い払ったり怖がらせたりして、動物の人間に対する恐怖心を回復させることになります。それは「修復的に向き合い方を習慣づけること」と呼べるかもしれません。もちろん、これはワイルドライフ・ツーリズムで生じていることとは対照的です。モンキーパークは、サルが人間への恐怖を失うことでのみ存在することができます。モンキーパークの人々は、そこを「野生のモンキーパーク」と呼びますが、「懐いたモンキーパーク」と呼ぶほうがより適切かもしれません。「懐く」という言葉には「慣れる」という意味も含まれますが、モンキーパークのサルは「極度に飼い慣らされている」と言えそうです。人間はサルを飼い慣らすためにエサを与え、人間に対する恐怖心を減らすことで、近寄ってくる観光客に慣れさせてきました。サルの大胆

＊1　Knight, John (ed.)　2000　*Natural Enemies: people-wildlife conflicts in anthropological perspective*. Routledge.
＊2　Knight, John　2006　*Waiting for wolves in Japan: an anthropological study of people-wildlife relations*. University of Hawaii Press.

さは農民にとって問題ですが、モンキーパークが機能する前提でもあるのです。

コロナ禍におけるサルと人間の接触

合原：先ほど話したように、人間と野生動物の衝突は、人間の領域と野生動物の領域の境界に関する問題と深く関わっています。このような居住域の移動や、異種間の関係といった問題は、現在世界で広がっているコロナウイルスの状況下においても明らかと言えるのでしょうか。森林伐採とコウモリの居住域の破壊が、人間とコウモリの接触を増やし、それによってウイルスがコウモリから人間へと伝染したと言われています。また、世界中でのロックダウンが、自然環境に予想外の利益をもたらしているという報告もされています。人々が一定期間家に閉じ込もることで、空気や水はきれいになり、動物の生息数が増加したと言われます。あなたはウイルスと人間の関係や、それらの境界の問題について、どうお考えですか。

ナイト：とても興味深い質問ですが、正直に言うとあまりよく知っているわけではありません。この数カ月間、日本に行ってこの時期のモンキーパークを訪問したいと願っていました。コロナ禍がパークにもたらす変化を観察するのは、興味深いことだと思います。先に指摘していたように、コロナウイルスの起源は明らかに野生動物であるため、パークのサルなどを含めて野生動物と関わることに、人々がより神経質になるであろうことは想像できます。この状況が、パークにおける観光客とサルとの接触にどのような違いをもたらすのか知りたいと思っています。この状況によって、パークが来園者にサルとの接触、特にサルへのエサやりを制限するようになるかもしれません。来園者にサルのエサやりを禁じているパークがある一方で、エサやりを許可しているパークもあります。そこでは人々が手でサルにエサをやることも許されていますが、その状況が変わるかもしれないと考えています。「ソーシャル・ディスタンス」が、パーク内の人間同士の接触だけではなく、人間とサルの接触にも適用されるかもしれないのです。私は、人間による動物へのエサやりにとても関心があります。サルにエサを手渡しするのは、とても密な接触をともなう方法なので、よりセンシティブな対応になると予測しています。これまでどおり来園者にサルへのエサやりを許可するパークもあるかもしれませんが、手渡しではなくエサを投げるように求めるかもしれません。コロナ禍は、人間と野生動物との接触により広い範囲の影響を与えるので、ワイルドライフ・ツーリズムにとっても特別な意味合いを持つと思います。

合原：コロナウイルスの世界的流行が、人間同士だけではなく、人間とサルの「ソーシャル・ディスタンス」にも影響する可能性があるという考え方は興味深いですね。

人間と動物、その関わり合いの理論

合原：続いて、人間と動物の関係を分析する際の、あなたの理論的視座について聞かせていただけますか。和歌山での野生動物による農作物被害に関する研究では、山村の人々の生活における動物の捉え方を示すために、動物のイメージや象徴的な意味を分析されています。これらの研究は、主に人間と動物の間のコンフリクトに関わるものである一方で、あなたの著作の *Animals in Person*（『親しい動物たち』）[*3]では種間の親密性に着目して、いかに人々が動物に人間的な感情や知性を見るかについて検討されています。あなたの研究は、動物の人格（person）に最も早い段階で着目した人類学研究なのではないでしょうか。

＊3　Knight, John　2006　*Animals in Person: cultural perspectives on human-animal intimacies*. Routledge.

ナイト：先にも述べたように、私の人間と動物の関係へのアプローチは農作物被害をめぐる山村住民と森の動物との間のコンフリクトに着目することから始まり、のちに人間が動物に惹きつけられることに関心を持つようになりました。それが話に出た *Natural Enemies* と *Animals in Person* の二冊につながっていきます。*Animals in Person* は、人間と動物の関係の異なる側面に光を当てようと試みたもので、人間が動物に対して感じている魅力を検討しようとしたものです。そして、私はこの視点が、人間に匹敵するある種の感情や知性を持つ、人間と似た動物たちへの関心を引くと思います。私たちがコミュニケーション可能な相手としての動物です。動物との衝突に関する理論に関して、私はある時期、人類学の理論である構造主義に基づいた「アノマリー（変則）」理論を用いていたことがありました。境界づけられたカテゴリーに収まらないものは、問題含みなものや無秩序、「アノマリー」として見られます。これを動物に当てはめると、私たちにとってある動物が文化的カテゴリーに当てはまらないと見える場合、それは変則的な動物とされ、特別で文化的な着目の対象になります。そのため、サルや大型類人猿を含む他の霊長類は、「アノマリー」として見られます。なぜなら、解剖学的、行動学的、認知学的などさまざまな点において、動物と人間のカテゴリーの間にあり、私たちと似ているけれども異なる、どっちつかずな存在だからです。森から村へ移動して農作物を荒らし、また森へと戻っていく動物は、重要な空間の境界線を違反していると言えるので、この「境界侵犯」の考え方が適用できます。これが *Natural Enemies* で扱ったテーマであり、貢献した点でした。最近は、人間による動物の表象よりも、人間と動物の関わり合いについて深い関心を持っています。ひとつモンキーパークで魅力的に思うのは、それが人間とサルの相互交渉を考察するのに適した場所であるということです。

合原：人間と動物の関わり合いについて、何か具体的な理論を採用していますか。というのも、先の変則的動物についての説明を聞いて、メアリー・ダグラスのことを思い出したからです。そのような動物たちの関わり合いについて考察する時に参考にする特定の理論があるのではないかと思いました。

ナイト：おそらくアーヴィン・ゴッフマンのような人でしょうか。ゴッフマンは、一対一や一対多を問わず、人間同士の相互交渉について強い関心があるので、さまざまなインスピレーションを与えてくれます。間違いなく霊長類学は、サルでも特にニホンザルの階層的な社会性など、サル同士の相互交渉のしかたについて多くのことを教えてくれます。そしてその型は、サルと人間との関わり合いについて理解するためにも使えます。また、私たち人間が他者とどのように関わるかについての考察から派生して、サルを人や子供のように扱いながら、擬人的にサルと関わり合う方法を学んでもよいでしょう。ですが、実際の人間とサルの相互交渉は違ったものかもしれません。私のアプローチは、実際の交渉を観察して、何が起こっているのかを明らかにしようとするものです。

合原：フィリップ・デスコラとジズリ・パルソンが編集した一九九八年刊行の *Nature and Society*（『自然と社会』[*4]）のなかの、あなたが執筆した章に関しても質問があります。あなたが執筆した章や、自然と動物に関して、デスコラらとはどのような議論をされたのでしょうか。

ナイト：*Nature and Society* の主なテーマは、自然と社会の二元論に挑戦するものです。それは、非二元論または一元論的な視座から人間と自然の関わりに着目しています。私の章では、日本の材木プランテーションとそれが軽視されている状況を扱いながら、そのテーマに貢献しようと試みました。私の考えは、過疎というのは村だけではなく、特に放置された人工林などの森林にも起こっているのではないかというものです。例えば人工の針葉樹に人の手が入らなくなったり、人間と木の標準的なつながりが壊れたりした時です。このことは、先に話したこととも関連しますが、人間の活動は、人間と環境との関係を作るのに役立っていて、日本の山村住民にはその感覚が強く根

＊4　Knight, John　1998　"When timber grows wild: the desocialization of Japanese mountain forests." Philippe Descola and Gisli Palsson (eds.) *Nature and Society: Anthropological perspectives*, pp.221-239. Routledge.

付いているように感じます。今もまだこのテーマに関心がありますが、それを針葉樹のプランテーションだけでなく、より一般的なかたちで日本の山村の環境にも適用しています。最近の論文で、「環境的活動ギャップ[*5]」という概念を使いました。その論文では、日本の山村におけるさまざまな「環境的活動ギャップ」を明らかにし、それらを埋める試みや、人間と土地との関わりを復活させて環境の秩序を回復させる試みについて説明しました。これらの環境的活動ギャップを埋める試みには、村人がサルや他の動物を追い払う「追い払い活動」があります。村の縁の植物を切り払ったり、木を切り倒したりすることで、動物の侵入を防ぎます。このような人間の活動の対象となる環境と、それがされない環境では大きな違いがあります。

複数の場所でフィールドワークをする——マルチサイテッド・アプローチ

合原：近年、フィールドワークを行う際の方法論として、マルチサイテッド・アプローチを用いるのが流行になりつつあります。つまり、複数の場所で調査研究を行うというものです。この方法は、マリノフスキーの参与観察のようなクラシックな人類学の調査法とはやや異なるように思われます。マルチサイテッド・アプローチは、人間と自然の関係性を考察するうえで、新たな視座を与えることができると考えますか。また、この調査法を用いて、今の日本の自然環境と人間の関係性を考察して、マルチスピーシーズ民族誌を書く研究も増えつつあります。マルチスピーシーズ民族誌は、人間と非人間の関係性を考察するもうひとつの流れとなっています。あなたはこれらの方法論的、理論的トレンドをどのように見ていますか。

ナイト：いくつかの場所で調査を行うマルチサイテッド・フィールドワークは効果的だと思います。もちろんトピックにもよるのですが。私が実施した本宮での調査は、数多くの集落が広範な地域に分散している自治体ではありましたが、基本的にひとつの場所で行いました。マルチサイテッド・フィールドワークの重要性は、異なる場所でたくさんの事例を調査することではなく、その異なる場所それぞれが研究のトピックにおいて重要な要素を形作ることのなかにあるのだと考えています。農山村の過疎化について言えば、移住者がどこから来るかだけではなく、どこに移住するのかにも目を向けるということなのかもしれません。このような調査に最も近い経験は、本宮から大阪に移住した人に会うために大阪を訪れ、和歌山出身の大阪在住者が集まる和歌山県人会のミーティングに行ったことです。そこで関心を持ったもうひとつのカテゴリーは、本宮町のふるさと会（文字どおりふるさとをベースとした集まり）に参加する人々でした。ふるさと会は、本宮にゆかりのない都会の住民に地元の名産品を販売する事業で、都市部のメンバーは季節ごとに地元の食品が入った荷包みを受け取ります。これは本宮を彼らの第二の故郷にするアイデアです。この架空のふるさととのつながりを明らかにするため、本宮産の食べ物を受け取る消費者にインタビューしようと町を訪れました。これが、おそらく私の本宮での調査で行った、マルチサイテッド・フィールドワークに一番近い経験です。人間と動物の関係について、マルチサイテッド・フィールドワークを行うことには可能性を感じています。例えば、肉と動物の関係というトピックでは、うまく機能しそうです。それは生産者や、おそらくハンター、中間業者、これらの製品を売る会社、そして町の消費者を考慮した、肉の流通に関するマルチサイテッド的な調査ができそうです。この種のフィールドワークが、いかにマルチサイテッドな研究になるかが想像できます。

合原：肉と動物の関係の事例をあげているように、マルチサイテッドなアプローチは、サプライチェーンを追うの

＊5　Knight, John　2010　"Environmental activity gaps and how to fill them: rural depopulation and wildlife encroachment in Japan." Wolfram Manzenreiter, Ralph Lützeler and Sebastian Polak-Rottmann (eds.) *Japan's New Ruralities: Coping with Decline in the Periphery*, pp.276-294. Routledge.

に適しているように思えます。例えば、アナ・チンの書籍で取り上げられたマツタケの場合では、どのようにこれらの製品が生産され、モノへと変えられ、最終的に消費者によって消費されるのかといったことが書かれています。チンは、マツタケを事例に、人間と非人間の関係を含むこれらのつながりを描くためにマルチサイテッドのアプローチを使ったのだと思います。

ナイト：あなたの宮崎の猟師に関する調査では、マルチサイテッド・フィールドワークを採用することも考えているのですか。

合原：はい。私は「ジビエ」と呼ばれる、宮崎の野生のシカとイノシシの肉の商業化についてマルチサイテッド・フィールドワークを行ったことがあります。[*6] 野生獣肉の商業化により、人間や猟犬の寄生虫感染について興味のある寄生虫学者などの新しいアクターが、地域社会に参加するようになったのがわかりました。この新しい展開によって、私たちは山村を超えて、実験室やレストラン、マーケティング・コンサルタントを訪れてみたりするようになりました。

人間－サル関係——「エサやり」という相互行為

合原：近年の研究では、サルと人間の関係性に注目し、農作物被害、野生のモンキーパーク、観光へのサルの利用などを含む、幅広いトピックを扱っていっしゃいます。あなたは野生のモンキーパークを、霊長類学と観光の視座から考察されています。サルと人間の関係性を考察するアプローチには霊長類学者の視点も取り入れているのでしょうか。

ナイト：私が教育を受けた伝統的な社会人類学は、人間に焦点が当てられた人間中心的なものでした。動物が、人間環境の一部として取り扱われていたのです。それに代えて今では、私たち人類学者は、動物を仲間の主体として見ることができます。動物たちの生きる空間は人間と重なり合いながら、共通の空間を、異なる仕方で経験している非人間の主体だと言えます。人間とサル（霊長類の仲間）に関しては、世界を経験する方法や集団のメンバーとしての振る舞い方などに、似ているところや違うところが混ざっていると思われるのです。私のアプローチは、人間とサルの関係を見るのに、人間の視点だけでは十分ではないと考えています。サルの視点から人間－サル関係に着目するというやり方が重要だと考えていて、いまはそちらに移行しつつあります。このアプローチを進めるためには、特にニホンザルの場合、日本の霊長類学者の研究にある程度精通している必要があります。霊長類学は、モンキーパークの出現に重要な役割を果たしましたが、もっと根本的なところでもサルの振る舞いに対する理解を助けてくれます。そうでないとしたら、私の説明は、モンキーパークで働く従業員や観光客、またはサルから畑を守る村の人々といった、単に人間の視点からサルとの関係について描いたものでしかなくなるでしょう。

いかにして私たちがサルの視点を理解できるのかという質問がありましたね。どのようにサルの群れが機能するのか、どのようにサルたちの間の階層や序列が機能するのか、サルがエサの周りでどのようにふるまうかを知ることは、おおむね可能です。私はエサに対するサル同士の競争に強い関心があります。ニホンザルがエサのために競争する時、上下関係がとても重要です。これは、人がサルにエサをやるのを見たり、（私が時々するように）エサやりをしたりする時に明確になります。エサやりは一対一で行われるのではありません。なぜなら、近くでエサを狙う他のサルがいるためです。来園者がサルにエサをあげる時、多くの場合は一対一の状況と考えますが、実は一対多なのです。サルは「エサを手に入れる」のを近くにいるサルとの競争として見ているのです。パークの来園者は、

＊6　近藤祉秋・合原織部　2018「ジビエ販売と狩猟の今昔——宮崎県西米良村の事例から」『農業と経済』84(6):70-75。

エサやりを通じた相互交渉について、あまりちゃんと理解していないようです。はじめは一対一の相互交渉のように見えるかもしれませんが、実際はより複雑です。霊長類学は、それを理解する手助けをしてくれます。[*7]

合原：なるほど、人間からではなく、サルの視点からサル－人間の関係を研究するというのは、言われてみればとても魅力的な研究方法ですね。最後に、あなたの研究の今後について聞かせていただけますか。

ナイト：数年前にモンキーパークについての本を執筆し、モンキーパークの組織とその機能の仕方を考察しました。動物園に見られる飼育下の展示システム（captive system）と対比して、モンキーパークを展示における放し飼いシステム（open-range system）に見立てたのです。[*8] 最近はパークの訪問者が娯楽として行うような、手渡しでのエサやりに関する本を執筆しており、それが時間とともにどう展開してきたのか、そしていかにそれが間違った方向に進み問題となりかねないのかについて書いています。

＊7　ニホンザルと人間の相互行為を霊長類学的な観点から検討した研究としては、京都大学のインタラクション学派の一員である花村俊吉の業績などを参照。例えば、花村俊吉　2015「サルと出遇い、その社会に巻き込まれる——観察という営みについての一考察」『動物と出会うⅠ——出会いの相互行為』木村大治編、pp.87-104、ナカニシヤ出版；花村俊吉「偶有性にたゆたうチンパンジー——長距離音声を介した相互行為と共在のあり方」『インタラクションの境界と接続——サル・人・会話研究から』木村大治・中村美知夫・高梨克也編、pp.185-204、昭和堂などがある。

＊8　Knight, John　2011　*Herding Monkeys to Paradise: How Macaques are Managed for Tourism in Japan*. Brill.

総論 I

奥野克巳　近藤祉秋
大石友子　中江太一

奥野 克巳　Katsumi Okuno
立教大学異文化コミュニケーション学部教授。北・中米から東南・南・西・北アジア、メラネシア、ヨーロッパを旅し、東南アジア・ボルネオ島焼畑稲作民カリスと狩猟民プナンのフィールドワークを実施。主な著書・共編著に『モノも石も死者も生きている世界の民から人類学者が教わったこと』（亜紀書房、2020年）、『ありがとうもごめんなさいもいらない森の民と暮らして人類学者が考えたこと』（亜紀書房、2018年）、『Lexicon 現代人類学』（以文社、石倉敏明との共編著、2018年）、主な訳書にティム・インゴルド『人類学とは何か』（共訳、亜紀書房、2020年）などがある。

近藤 祉秋　Shiaki Kondo
神戸大学大学院国際文化学研究科講師。専門は文化人類学、アラスカ先住民研究。主な論文に「内陸アラスカ先住民の世界と「刹那的な絡まりあい」：人新世における自然＝文化批評としてのマルチスピーシーズ民族誌」（『文化人類学』86巻1号、2021年）などがある。主な共編著に『犬からみた人類史』（大石高典・池田光穂と共編著、勉誠出版、2019年）、『人と動物の人類学』（奥野克巳・山口未花子との共編著、春風社、2012年）などがある。

大石 友子　Tomoko Oishi
広島大学大学院国際協力研究科博士課程後期所属、日本学術振興会特別研究員DC、チェンマイ大学社会科学・持続可能な開発地域センター客員研究員。専門は文化人類学。研究の関心はマルチスピーシーズ民族誌、人新世、開発人類学。主な論文に「現代タイにおけるクアイの人々が“ゾウ使い”になること――人間と動物のコンタクト・ゾーンにおける変容と非対称性」（アジア社会文化研究21号、2020年）などがある。

中江 太一　Taichi Nakae
東京大学大学院人文社会系研究科博士課程所属。専門は現代フランス文学。特に作家論としてはミシェル・トゥルニエ、ジャンル論としては無人島小説に関して、哲学思想との関係やエコクリティシズムの観点から研究を行っている。主な論文に「他者から他種へ ――『フライデーあるいは太平洋の冥界』における動植物の視点と自然――」（『フランス語フランス文学研究』118号、2021年）などがある。

奥野克巳（以下、奥野）：この「モア・ザン・ヒューマン（More-Than-Human）」シリーズ[*1]では、「マルチスピーシーズ民族誌」と「環境人文学」とその関連領域で、この一〇年ほどの間に国内外で顕著な研究活動をされてきた九人の研究者に対し、日本国内の研究者がインタビューを行ってきました。その内容が、二〇二〇年七月から二〇二一年一月にかけてEKRITSで日英両言語の記事として公開されています。この座談会では、日本側の監修者である私と近藤祉秋さんが全体を整理しながら、広島大学大学院博士課程後期文化人類学専攻の大石友子さんと東京大学大学院博士後期課程フランス文学専攻の中江太一さんを招いて、これらの記事を読んだ感想や解釈を述べてもらい、理解を深めていきたいと思います。総論Ⅰではまず、第一部の三つのインタビュー記事について取り上げます。

マルチスピーシーズ民族誌と環境人文学の整理

奥野：ここ数百年の間、人類は、人間にとって住みやすい場所を作ったり、快適な暮らしを送ったりすることを追い求めてきました。そのことは表面的にはうまくいっているようにも見えますが、実際はその恩恵を十分に享受できる人とできない人の間に格差があります。また人類は、人間が住んでいるこのかけがえのない地球をズタボロにしてしまっただけではなく、そのことが新型コロナウイルスのような感染症をもたらすという、人間自身へのしっぺ返しとも思える事態に直面しています。そんななか、人間本位の振る舞いをこのまま続けていいのだろうかと反省し、とことん考え抜こうとする人たちが現れてきました。人間だけが地球上に暮らしているわけではなく、他の生き物「とともに」生きてきたことに思い至り、地球や環境のことを考え直そうとする新しい思想は、研究者にとって馴染みの薄い土地で行う長期のフィールドワークと民族誌という、これまで文化人類学が培ってきた学問の強みと合流しました。そして、「複数種の民族誌」つまり「マルチスピーシーズ民族誌」というジャンルとして、二一世紀以降に生み落とされたのです。さらに同時期に、地球規模の環境変化に対する強い危機感と、それにともなう人間観の変化を背景に、人間の世界のみを研究対象としてきた旧来の人文学のあり方を自己批判的に問い、環境哲学、環境史、エコクリティシズム、環境をめぐる人類学などを横断的に結わえた「環境人文学」と呼ばれる学際的な領域が立ち上がってきました。[*2] エコクリティシズム研究者ウルズラ・ハイザは、環境人文学を総説する論文のなかで、複数種によって構成されるコミュニティとして人間社会を捉え直そうとしているマルチスピーシーズ民族誌を、人間中心主義へ対抗する際の参考になると評価しています。[*3]

工業化される家畜、動物から見た人間

奥野：さて、この「モア・ザン・ヒューマン」シリーズのなかで、マルチスピーシーズ民族誌が何であるのかに言及しているのは、ただ一人、ゴヴィンドラジャンさんだけです。彼女はカークセイとヘルムライヒを引用しながら、マルチスピーシーズ民族誌には、人間以外の動物や物質の持つ特有の歴史や伝記を表現したものをたどることへの関心があり、それはより広い学問分野との対話の模索のなかで人間と人間以外の関係性がどのように形成されているのかを考察し、人種、ジェンダー、セクシュアリティ、医療や資本をめぐる言説や実践までも視野に入れる研究

を生み出してきていると述べています。またそれは、人間を含むさまざまな存在の異なる作用や働きによって、社会がどのように構成されるのかを探究するジャンルであるとも述べています。おそらく彼女が述べている定義に当てはまるマルチスピーシーズ民族誌は、このシリーズだとブランシェットさんのものになると思います。ゴヴィンドラジャンさんが取り上げたのは、インドの中部ヒマラヤのクマオニの人たちと五種の動物との「状況化された関係性」です。人と動物との関係性が、中央と辺地、ヒンドゥー・ナショナリズムと動物愛護運動、女性と家父長制、近代と伝統といったさまざまな二項との関わりのなかで、人間に多様で複雑な行動を引き起こし、それがまた動物に影響を与え、さらに人間の行動や思考を方向づけるという複雑な絡まり合いが描かれました。

例えば、都市のよそ者が山村に持ち込んだサルと在来のサルに対して、クマオニの人々の取る特有の振る舞いがどのように描かれているのかを見てみましょう。動物愛護団体は、農家を襲うサルを銃撃することに反対しています。他方、サルは神の使いであるため殺してはいけないと主張するヒンドゥー・ナショナリストもいます。そうした諸派の理念に森林警備隊は、現実的にどう対処していいのか途方に暮れるのだと言います。そんななか、果樹園を荒らしたサルを毒殺してしまったことに罪悪感を抱いて、サルにエサを与えている人がいたことを、ゴヴィンドラジャンさんは振り返っていました。倫理的・宗教的な問題と経済的な生活の間で引き裂かれた人たちの苦悩を描いています。

＊1　EKRITS／エクリ「More-Than-Human マルチスピーシーズ／環境人文学からの展望」(https://ekrits.jp/more-than-human/ 最終アクセス日：二〇二一年五月三〇日)

＊2　結城正美　2018　「環境人文学」『Lexicon 現代人類学』奥野克巳・石倉敏明編、pp.200-203、以文社。

＊3　ハイザ、ウルズラ　2017　「未来の種、未来の住み処 環境人文学序説」『環境人文学Ⅱ 他者としての自然』野田研一・山本洋平・森田系太郎編著、pp.249-268、勉誠出版。

もうひとつエピソードを取り上げます。ブタを飼育するダリット・カーストの人たちは、ブタは野生化してイノシシになったと言います。ダリットのある男性は、イノシシのことを「家畜ｰ野生動物」と呼びます。そうした言説の背景にあるのは、野生のイノシシを脱走したブタの子孫とすることで、ブタ肉の消費を不浄だと見て蔑視する支配カーストを暴力的な偽善者だと規定する対抗的な身振りです。ゴヴィンドラジャンさんの研究は、状況に応じて生まれる種間の関係性に焦点を当てることで、マルチスピーシーズ民族誌の光源から、人間社会に横たわるさまざまな問題を照らし出しています。

ブタに関して、ブランシェットさんは、一九五〇年代以降に工業化され、今日極度に工業化された養豚飼育されるブタと人間の関係を取り上げています。一九二〇年代から五〇年代が工業化の最盛期だったのですが、現在、ブタが工場での工業的労働により、ますます工業化されているというのは驚きました。種付け用の雌ブタの飼育、繁殖畜舎、飼育畜舎、食肉処理場、後処理施設を一企業の傘下に収める垂直統合が進められ、家畜の生から死までが高度な管理下に置かれ、販売されるブタ肉の品質の均質化が目指されます。すべてのブタの体重を生後半年できっかり二八〇ポンドにするために、人間の労働が集約的に注ぎ込まれるのですが、そのことのためにかえって、これまで以上により多くの人間の労働力が必要とされるのです。また、そのプロセスの管理とエンジニアリングのために、人間の組織形態も作り直されつつあると言います。そんななか、ブタは工場内で単調な生活を強いられています。人間が雌ブタに触れると動揺させてしまい流産させる可能性があると言います。そうしたブタの知覚に関する暗黙知は、季節労働者から季節労働者に伝えられるのですが、他方で上級管理職は確率や統計モデル化に専門的に従事するため、仕事内容は職種によって全く異なっている。現代のブタ肉生産は、人間中心でもブタ肉中心でもなく、収益を高めていくことが中心に置かれた資本中心だと言います。ブランシェットさんは、生き物に関わることの価値を今一度考え直してみることによって、生産性や効率性を軸に置く今日の工業化された養豚業が脱工業化されることが目指されるべきだと唱えていました。

続いて、サルに焦点を当てた調査研究に関するインタビューに答えてくれたのが、ナイトさんです。ナイトさんはマルチスピーシーズ民族誌ではないのかもしれませんが、これまで一貫して人間と自然の関係を調査研究の対象としてきました。ナイトさんは、初期の民族誌 ***Waiting for Wolves in Japan***（『日本で狼を待ちながら』）[*4]で、和歌山の山村を取り上げました。日本の山村の過疎問題とは量的・質的な問題であり、人間の活動の減少が、環境の不活性化に結びついていて、encroachment つまり野生動物の里への「侵略」が引き起こされたのだと見ています。過疎の村ではサルが人間に対して恐怖心を抱かなくなり、大胆に振る舞うようになります。逆に人間がサルを追い払うようになり、サルにふたたび恐怖心が芽生えることもあります。そうした観察を経て、ナイトさんの関心はその後、サルや動物が人間に対して感じる「魅力」へと移ります。日本のモンキーパークは、サルが人間に対して恐怖心を抱かなくなることで成立しているという事実の再発見は、とても興味深いものでした。ナイトさんのアイデアは、こういった経験主義的な人類学の手法を通じて、人間の視点から「人間－サル関係」を見るのではなく、サルの視点から「サル－人間関係」を見るというユニークなものに発展してきたように思います。サルが人間からエサをもらうというのは、サルが人間に対して恐怖心や警戒心を感じなくなっているということです。ただ、サルは人との間で一対一でエサを受け取るのではなく、大抵の場合、サル同士での競合があるので、一対多の関係があるのだと言います。こういうふうに見てくると、動物への人間のエサやりというのは、とても興味深いテーマをはらんでいるものに見えてきます。ナイトさんは、エサやりは日本では娯楽的な要素を含んでいると見ていて、今後モンキー

＊4　Knight, John　2006　*Waiting for wolves in Japan: an anthropological study of people-wildlife relations*. University of Hawaii Press.

パーク以外の日常的な場所での種を超えたエサやりに関する調査研究を企画していると言います。

ラディカ・ゴヴィンドラジャン——種間関係の複雑なプリズムを通して映し出される人間世界

大石友子（以下、大石）：三人とも、調査をはじめた時点においては、マルチスピーシーズ民族誌的な関心や問題を抱いていたわけではなかったことに言及していましたね。しかし、それぞれの目的を持ってフィールドワークを進めていくなかで、マルチスピーシーズ民族誌的な研究への移行があったということが共通していました。このような過程の背景を少し考えてみると、まずひとつめには、文化人類学が人間以上の領域に踏み込み、自然と人間が交錯しながら生み出す世界をめぐる学問として再編されつつあるということがあると思います。もうひとつは、ラトゥール[*5]やハラウェイ[*6]が言うように、私たちは人間以上のものたちと切っても切り離せないような現実の関係性のなかで生きていることがあると思います。フィールドワークにおいては、人類学者も、現地の人々が多様なかたちで築いている人間以上のものたちとの関係性に巻き込まれざるをえないことが深く関わっているのではないでしょうか。

奥野：自然と人間が交錯しながら生み出す世界をめぐる学問として、おそらく文化人類学がまるごと再編されているわけではなく、その一部が再編されつつあるのだと思います。ゴヴィンドラジャンさんのインタビューに関して、何か気になった点はありましたか。

大石：ゴヴィンドラジャンさんは、奥野さんからご説明いただいたように、ヤギ、ウシ、サル、ブタ、クマという五種類の動物に注目しており、人間と動物の状況化された関係性からさまざまなテーマについて記述していくというアプローチが大変興味深いと思いました。人間と動物の関係と言うと、人間とある特定の種類の動物を取り上げ、一対一の種間関係に注目をした研究が多いような印象があります。私も研究をはじめた当初は、マルチスピーシーズ民族誌として多様な種を取り扱うというより、調査対象であるタイ東北部スリン県のゾウを扱う技術に長けた人々として知られるクアイの人々とゾウの一対一の種間関係に注目していました。しかし、人間を多様な種との関係性のなかで生成される存在、つまり単一で独立した存在である human-beings（人間-存在）ではなく human-becommings（人間-生成）であると考えると、多様な状況に置かれた動物との関係性が、いかに私たちの存在のみならず、社会であったり、社会関係を構築しているのかを描き出すことが重要になります。ゴヴィンドラジャンさんの取っているアプローチはそれを可能にしてくれるものだと思います。私も最近では、クアイの人々とゾウの関係を中心としながらも、家畜であるニワトリ、ブタ、ウシ、そして、イヌ、森、精霊といったものを含めて研究を進めており、長期の調査に入ろうとしている段階なので、非常に参考になりました。

中江太一（以下、中江）：大石さんが話されたこととも重なるのですが、ヤギ、ウシ、サル、ブタ、クマの五種類の動物と人間の関係を問うことで、単線的な物語に落とし込んでしまうのではなく、人間と複数の動物の間で織りなされる複雑な現実を、複数のプリズムを通して多元的なまま提示しようとする姿勢に感心しました。この点では、ゴヴィンドラジャンさんが本質主義的だというフェミニズムの考えを否定しながら、状況化された関係性において人間と動物の関わりを捉えようとすることと、密接な関連があると思います。五種類の動物のなかでもっとも興味を惹かれたのは、ヒンドゥー教において神聖視されているウシをめぐる議論でした。在来のウシと外来のジャージー牛に対するインドの人々の反応というのは、マルチスピーシーズ的なアプローチに共感しない人々にも訴え

＊5　ラトゥール、ブルーノ　2008『虚構の「近代」――科学人類学は警告する』田村久美子訳、新評論。
＊6　ハラウェイ、ダナ　2013『犬と人が出会うとき――異種協働のポリティクス』高橋さきの訳、青土社。

かけるような説得力があるのではないでしょうか。つまり、社会問題を扱う上で通常は前景化されない動物を研究の中心に据えることによって、経済と政治の難題、すなわち酪農の生産性向上に貢献する外来種のジャージー牛を重んじる経済的観点と土着のウシを神聖視するヒンドゥー・ナショナリズムとの軋轢がくっきりと見えてくるからです。経済的効率性と排外主義の対立は、インドのみならず世界中の普遍的な問題ですが、インドの一地域社会の、それも動物という細部に焦点を与えることで、普遍的な問いが見えてきます。フィールドワークと民族誌のダイナミズムが感じられました。ゴヴィンドラジャンさんの議論でもうひとつ関心を持ったのは、クマとの性行為を想像する女性の逸話でした。異類婚姻譚で見られるような想像力が、今もなお現実的な力を持っているということに驚きを覚えたからです。どの動物の話も興味深く、近く翻訳が出版されるとのことで、今から楽しみにしています。

奥野：前半部分は、種を越えた人間と動物の間で、状況に応じて生み出される関係性を見ていくことによって、われわれが人間の世界のことだけから接近していたこれまでの人類学的なテーマを、また別の角度から照射することになるという意味合いですね。

中江：はい。排外主義については、通例カースト制とか移民の観点から語られるのではないかと思いますが、人間と動物の関係から考えることで新たな視野が開けてくるということです。

奥野：それはゴヴィンドラジャンさんのマルチスピーシーズ民族誌の顕著な特徴ですね。

アレックス・ブランシェット——労働者の振る舞い、ブタの感受性、人類学者の経験が交錯する養豚工場

大石：ブランシェットさんは、極度に工業化された生き物としてのブタと資本主義的な人間の労働の搾取に注目をしながら、養豚の垂直統合が行われている企業でのフィールドワークを行っています。インタビューでは、ブラン

シェットさんが実際に繁殖畜舎で仕事をしている際に、彼なりの動物に対する振る舞いとしてイヌやネコにするような手つきで牝ブタを撫でたところ、同僚から大声で「ブタに触らないで！」と言われたというエピソードが印象に残りました。この出来事から、ブランシェットさんは、工場内でのブタの単調な生活は、振る舞いも含む労働者の多大な労働に裏打ちされていることに気づきます。一方、労働者は自らの振る舞いがブタに対して何らかのサインとなってしまう可能性に注意を払っており、ブタの感受性が労働者の振る舞いを生成していると言います。つまり、そこにはブタと労働者の相互生成の過程が存在していると考えられます。こうした振る舞いと感受性に基づいた人間とブタの関係性が、床ずれ、流産、肉の質といったようなかたちで、ブタの身体に現れている点が大変興味深かったです。このエピソードでは、労働者の振る舞い、ブタの感受性、そしてブランシェットさんの経験が交錯していることがよくわかります。

また、ブタと必要以上の関係性を構築してしまわないよう、労働者は制御した振る舞いを余儀なくされていました。そのなかで、振る舞いを通じたサインの送受信によって親密な関係性を築いてしまう可能性のある相手として、ブタの主体性が逆説的に現れているようにも思います。このことから均質な肉を生産するための養豚において、労働者とブタが共有する空間は、人間と動物が切り離されて管理された空間というよりも、ハラウェイが『犬と人が出会うとき』で論じているようなコンタクト・ゾーン（接触領域）としての性質を持っているのではないかと感じました。出会いによって、すべての主体、ここでは労働者やブタが、それまでには存在しなかったような新たな主体として変容してしまうような可能性が常にあるのです。しかし、養豚においては均質な肉の生産という目的があるので、その出会いや変容によって生じるブタの産仔数や肉の質が変動する可能性を排除する必要があります。そのため、あえて出会わないことを積極的に生み出す実践が行われていると考えられそうです。

中江：ブランシェットさんの話は、動物の搾取という観点から語られることが多い畜産業について、そのような問題にも十分な配慮をしつつ、動物を畜産業の被害者とみなすありがちな物語に回収しない姿勢を感じました。特に気になったのは、通常、非熟練労働としてみなされる家畜産業肉体労働を、動物に関する暗黙知の次元で捉えて、労働者の動物への関わり合いをつぶさに見ていこうとするところです。例えば、何十万頭のブタの出産に立ち会ってようやく身に付くような子ブタの扱いや、出産を控えた雌ブタへの振る舞いなど、畜産業に携わる労働者には動物に関する深い知識が求められていると言います。畜産業の労働のなかに動物との濃密な関係性を見ていこうとするところに迫力を感じました。

もうひとつ、少し論点がずれるかもしれませんが、アメリカの畜産業において可能な限り効率よく食肉を提供すべく徹底的に管理下に置かれたブタは、確かに被害者でもあるかもしれませんが、同時にある種の主体として現れるという点にも興味を惹かれました。ブランシェットさんのインタビューでは、それほど前面に出ているわけではないんですが、動物や植物を支配的な力を持った人間に搾取される客体として捉えるだけではなくて、動物や植物の視点に立った時に見えてくる主体性に着目するのは、今ホットな話題かと思います。例えば、進化論的な視点によって見えてくる植物の知性や、家畜の進化の問題です。『植物は未来を知っている』によれば、人間がトウガラシの新種を生み出すことで、豊かな食生活のために利用しているように見えるのですが、トウガラシの視点に立ってみれば、カプサイシンという中毒性の物質を人間に摂取させることで、自らの遺伝子を原産のメキシコだけでなく、世界各地に伝播していく戦略として考えることができます。[*7] その意味でトウガラシが人間を利用しているという議論を思い出しました。また『家畜化という進化』[*8] という本では、家畜化された動物の方にもメリットがあるからこそ、自ら人間に近づいていったのではないかという指摘があったと記憶しています。動植物や地球環境を一方的に被害者としてみなすことは、ある意味で新たな人間中心主義なのではないかなということを考えていました。

大石：ナイトさんのインタビューと重なる部分があると感じました。ブランシェットさんのインタビューは、ブランシェットさんの事例では、労働者の振る舞いがブタにとってサインとなってしまうという点で、人間と動物の間にコミュニケーションが生じる可能性が逆説的に示唆されていたと思います。かたやナイトさんは、私たち人間がコミュニケーション可能な動物に関心を抱いているので、相補的になっています。ナイトさんは、人間とサルの実際の関わり合いを、ゴッフマンの人間同士の相互交渉に関する議論からインスピレーションを受けつつ明らかにしようとしている一方で、霊長類学の見方も取り入れることで、サルの視点からも理解しようとしています。そうすることで、人間の視点のみからサルとの関係性を描くことを避けようとしています。人間の視点や語り以外から人間と動物の関係性を考察し、多様な種の交錯を描き出すことは、マルチスピーシーズ民族誌にとって重要なことではないでしょうか。

一方で、そのような理解や記述が可能であるのかについて、マルチスピーシーズ民族誌においても試行錯誤が行われており、さまざまな可能性が提示されつつある段階にあると思います。そこでは、何を動物から見た視点であると考えるのかという問題とともに、いかに描き出すのかという大きなふたつの問題があります。そのなかでも、動物から見た視点と言った時に、例えば、ヴィヴェイロス・デ・カストロや[*9]、第二部でインタビューされるエドゥ

---

*7　マンクーゾ、ステファノ　2018『植物は未来を知っている――9つの能力から芽生えるテクノロジー革命』久保耕司訳、NHK出版。特に第五章「動物を操る能力〜トウガラシと植物の奴隷〜」を参照。

*8　フランシス、リチャード・C　2019『家畜化という進化――人間はいかに動物を変えたか』西尾香苗訳、白揚社。

アルド・コーンさんが描き出しているような、アマゾン先住民のパースペクティヴィズムにおいては、人間も動物も自らを人間とみなし、他の種は人間でないものとみなすものの、異なる身体によりパースペクティヴの差異が生じるという存在論が提示されています。そこでの人間の視点や語りは、必ずしも人間から見た人間と動物の関係性ではなく、動物から見た視点も含み込んでいるのだと思います。

また、こうしたアマゾン先住民のパースペクティヴィズム以外にも、私が調査を行っているゾウと暮らすクアイの人々も似たような存在論を持っています。彼らはまず村と森を対置させています。この対置は、一見すると「自然と文化」や「自然と人間」といった二元論のようにも思えるのですが、彼らは村も森も多様な生き物からなる「社会」だと言うのです。そのため、私たちが人間による統御の有無に基づいてゾウを野生ゾウと飼育ゾウに区分するのに対して、彼らは野生ゾウは森のなかで精霊や他の動物との関係性のなかで社会化されたゾウであり、飼育ゾウは村のなかで人間やイヌ、時には車などの人工物も含めたものたちとの関係性のなかで社会化されているゾウであると捉えています。彼らによれば、ゾウだけではなくすべての生き物がそれぞれの領域で「社会化」されているのですが、だからといって同じ見方をしたり、コミュニケーションが常に成立したりするのではないそうです。なぜなら、それぞれの身体が異なるために、視点の差異が生じるためです。

タイにおいてクアイの人々はゾウの扱いに長けている人々として知られており、実際に彼ら自身もゾウを家族と呼ぶような親密な関係を築いています。しかし、クアイの人々は、このような差異の存在を前提にしているため、ゾウのことを完璧に理解することは絶対に不可能だと言い切ります。だからこそ、クアイの人々はゾウの行動を常に解釈し続け、ゾウが身体を用いて伝えようとしているさまざまな意図や感情を読み取る努力をしながら、ゾウとの相互交渉を成立させようとします。こうしたクアイの人々の提示する世界のあり方から考えると、動物の視点から人間と動物の関係性を捉えることがとても困難なことであるように感じます。一方、そこで成立している実践、クアイの人々であればゾウとの相互交渉を、詳細に追っていくことのなかに、動物の視点を部分的に理解したり、自らの視点に内包する可能性があるように思います。

ナイトさんの場合は、霊長類学が明らかにしているサルの振る舞いなどを参照しています。霊長類学の提示する見方をサルの視点として捉えることができるかということには、議論の余地があるかもしれません。[*10] しかし、霊長類学の提示する見方など、人間から見た関係のあり方だけを前提としていない視点に注目していくことが重要だと、私自身は考えています。つまり、ナイトさんのように、人間中心主義的ではない見方を提示している霊長類学者たちの見方を、動物の視点を理解するために取り入れていくということです。また、そうした人間以外の視点の記述方法については、人類学がエコクリティシズムなどの文学から学ぶことが多分にあると思っています。

奥野：サルが人間に接する際に、サルが自らと人間の関係をどう捉えているのかをナイトさんが考えているのは興味深いですね。サルが人間を怖がったら、人間には近づくことができないはずです。他方で、人間は自分に危害を加える者ではないし、危害を加えようとしても大したことがないと判断して、恐怖心を感じることがない場合には、サルは人間の傍にやって来ることになるわけです。そうしたことから、ナイトさんは、サルの人間観、人間に対してサルが抱く恐怖心や魅力について考えています。人間がサルにエサを「贈与」すると、サルがそれを受け取るという「贈与交換」が成立している場合、サルは人間に対して恐怖心など持っていないことになるでしょう。逆に、サルがエサを受け取らなかったり、エサをチラつかせても近づいて来ようとしたりしなければ、サルは人間に対して恐怖心や警戒心を抱いているということが読み取れます。そうしたことを視野に入れて進められているナイトさ

＊9　Viveiros de Castro, Eduardo　2016　*The Relative Native: Essays on Indigenous Conceptual Worlds*. HAU Books.
＊10　ハラウェイ、ダナ　2017『猿と女とサイボーグ――自然の再発明　新装版』高橋さきの訳、青土社。

んの研究は、とてもユニークだと思います。

それに加えてもうひとつ、今の大石さんのお話のなかで、野生ゾウ・飼育ゾウともに社会化されていると見ている話とともに、クアイの人たちが、ゾウのことは絶対に理解できないところから出発しているからこそ、解釈を積み重ねているという話も、非常に面白かったです。大石さんがパースペクティヴィズムを引いて話されていた点で、ひとつ思い出したことがあります。最近ある動物行動学者から、ヴィヴェイロス・デ・カストロのパースペクティズムと、狩猟民が動物のパースペクティヴを読み取ることができるということを扱った私の論文の姿勢を批判されました。批判のポイントは、動物のパースペクティヴが分かるなどとは信じられないというものです。それは人間の側から動物が世界をどう見ているのかを一方的に読み取ってしまっている人間中心主義だという批判でした。

私は、パースペクティヴィズムだけでなく、ナイトさんの見方なども含めて、動物の視点をめぐる人類学の議論は、自分の飼っているイヌやネコがどう感じているかを想像するのとそれほど変わらないのではないかと思っています。これは常識的な見方に基づいていて、動物の考えていることがなぜ簡単に分かってしまうのかと疑問視する動物行動学者とは、異なる層位にあるのではないかと思うのです。パースペクティヴィズムは、基本的に「不可知論」ではなくて、動物の視点を知ることができるというところから出発しています。特にコーンさんは、そうした傾向が強いです。

コーンさんの著作『森は考える』では、「案山子」についての議論がなされています。[*11] エクアドル東部のルナの人々は、害獣であるメキシコメジロインコを遠ざけるために、案山子を毎年トウモロコシ畑に立てます。ルナの人たちは、案山子に猛禽類の顔を描くのですが、人間には全然猛禽類に見えません。しかし、メキシコメジロインコには、どうやらそれが猛禽類に見えるようなのです。つまりメキシコメジロインコは、案山子を捕食者である猛禽類だと見て、トウモロコシ畑に近づいてこないのです。ルナは、インコにはその案山子が天敵に見えることを知っていて、案山子を毎年作っていることになります。有名なネーゲルの『コウモリであることはどのようなことか』[*12]をめぐる議論に接続して言えば、コウモリであることがいかなることかを、人間は知ることができるということになります。

これは哲学者の清水高志さんが、『実在への殺到』の第一章の「ヴィヴェイロス論」で指摘されていることにも通じます。[*13]パースペクティヴィズムでは、他の生物種の視点を人間が理解します。例えば、アメリカの先住民は、ジャガーが血をマニオク酒として見ると言います。この見方は、人間だけが特権的な場所に立って、自然=動物を外部化することを回避していると捉えられます。そのことで、パースペクティヴィズムは、人間中心主義に陥ることから逃れていると言うことができるわけです。さきほどの動物行動学者からの批判では、パースペクティヴィズムは人間中心主義でしたが、他方で、パースペクティヴィズムは人間中心主義を回避しているとも言えるのです。

中江：今話題に出たパースペクティヴィズムと自然科学者の応答という点に関して、私は対立的に捉える必要はなくて、むしろ相補的に考えるべきではないかと思います。不可知論的に考えない人類学の前提については賛同しますが、それと同時に自然科学的な知見を活かすこと——例えばナイトさんのインタビューに触れるなら、霊長類学の知恵を借りサルの生態を知ること——によって新たに見えてくるものもあると思うので、自然科学とも常に対話しながら研究していく姿勢は重要ではないでしょうか。ナイトさんのインタビューで面白いと思ったのは、野生と人間社会の境界の流動性の話です。馴染みのある日本の里山の問題からアプローチしているので、すんなりと理

＊11　コーン、エドゥアルド　2016『森は考える――人間的なるものを超えた人類学』奥野克巳・近藤宏監訳、近藤祉秋・二文字屋脩共訳、亜紀書房。
＊12　ネーゲル、トマス　1989『コウモリであることはどのようなことか』永井均訳、勁草書房。
＊13　清水高志　2017『実在への殺到』水声社。

解できました。この野生と人間の社会の境界の流動性については、ゴヴィンドラジャンさんが、サルとイノシシをめぐる話でも言っていた「状況化された関係性」、「家畜－野生動物」という話とも連関していると思います。

もう少し具体的に言えば、英語に野生動物の農村部への侵入を意味するencroachmentという単語があるということに驚きました。野生動物の侵入をもたらす過疎の問題が里山の荒廃と密接に関わっていることは常識的に分かりますが、それを人口の減少という量的な問題ではなくて、人間の活動の減少という質的な意味で捉えるべきだという指摘に目を開かされました。活動というのは、農作業や森林の管理や、森や村の間での移動のことですが、野生動物の侵入を招く農村の過疎化は里山環境の不活性化を意味しているのは、とても興味深いです。

奥野：重要な論点を出していただいたと思います。まず中江さんによる冒頭の指摘は、そのとおりですね。自然科学者と人類学者の見方が違うという点に関しては、どちらが人間中心的でないかなどという議論ではなく、対話して考えていくことが大事だと思います。ナイトさんが取り入れようとしているように、霊長類学がどのように見ているのかに開いて考えていくことは確かに大切ですね。もう一点、encroachmentに関して、ナイトさんと同じようなことを言っている本を思い出しました。二〇二〇年に出た新書の『獣害列島』[*14]です。オオカミを絶滅させ、絶滅しかけたトキをかろうじて救うなど、日本人はこれまで、あちこちで野生動物の住み処を奪ってきたとされます。しかし、近年全国で、野生動物が増えているらしいのです。それは、太平洋戦争後に日本の森が復元され、保護されることで、野生動物にとってよい餌場が生まれたことに関わっているようです。ナイトさんの言っていることに近いのは、過疎化して山村に人がいなくなって年寄りばかりになってしまったために、野生動物が人間に対して恐怖心を感じなくなって農作物を狙うようになったと著者が見ていることです。獣害が増えているのはそのためだと言うのです。山村の過疎問題とは量的・質的問題であって人間活動の減少が環境の不活性化に結びついて、encroachmentが引き起こされたというナイトさんの見方に重なります。

種が蠢き、感覚を拡張するマルチスピーシーズ研究

近藤祉秋（以下、近藤）：最後に私からも少しコメント致します。大石さんは、通常の人類学では「動物一種対人間」のようなかたちで、問題を設定しがちであったというところから、マルチスピーシーズ人類学を学びはじめて以来、複数種の絡まりあいとして考えるようになったとおっしゃっていました。従来の人類学とマルチスピーシーズ民族誌の視点の違いに関して、またナイトさんはマルチスピーシーズ民族誌ではないのではないかという点も奥野さんから出てきましたけど、そのあたりについてコメントしたいと思います。人間と動物の一対一で見てしまいがちだったという点に関しては、欧米の人類学で一九六〇年代や七〇年代に論じられてきた動物のシンボリズム研究の前提から考えると、そうなるしかなかったんだろうなと感じます。その時代の研究では、動物というのは自然的な存在であり、人間は文化的な存在であるというのが絶対不動の前提として議論がはじまります。文化を持っている人間が主体で、動物や自然物を分節化し、分類していく。動物はあくまでも記号として人間社会のなかで役割を果たすというのが、動物のシンボリズム研究の前提だったと思います。その後、一九九〇年代から二〇〇〇年代にかけてヴィヴェイロス・デ・カストロとかティム・インゴルドとかが出てくると、動物は記号ではなくて、主体性や人格性（personhood）を持ったものであったり、人間との連続性があるようなものとして考えられなければならないということが言われるようになります。[*15] ナイトさんはこの時代の議論を引っ張ってきた一人だと考えることができると思います。

＊14　田中淳夫　2020『獣害列島――増えすぎた日本の野生動物たち』イースト新書。

ただ私も、そこからマルチスピーシーズ民族誌の議論までは、どこか距離があるような感じを受けています。ここで重要なのは、科学技術の人類学の研究者によってマルチスピーシーズ民族誌が提案されたということではないかと考えます。これまで一般的になされていた人類学の調査は、狩猟や牧畜民、農耕民などの小さなコミュニティに入り込んで調査するタイプのものでしたが、そうすると哺乳動物とか鳥類とか、人間の目につきやすい生き物につい視点が向かってしまう。実際に現地の人たちが生業や儀礼を通して関わっていたり、現地語でも名前がついている場合が多いですから。他方で科学技術の人類学の研究をすると、小さなもののなかに多様な微生物が絡まり合う生態系があるという場合もあります。例えば、チーズのなかにいる菌類がいい例かもしれません。このような世界になると、一対一で考えるということによって、見過ごされる世界があるということがはっきりします。だからこそ、科学技術の人類学が「人と動物の人類学」ではなく、「マルチスピーシーズ民族誌」という言葉を提案することができたのではないかと考えています。大石さんが身体性に触れていましたが、私も最近「人間以上の感覚」について考えています。パースペクティヴィズムがやや視覚に寄りすぎていることが気になっていて、例えば嗅覚を通した関わりも考えていきたいのです。

ナイトさんが記事のなかで議論されていた、日本における獣害の話にも関連しますが、宮崎県の焼き畑をやっていた山村で、イノシシが鼻を通じて、人間やその他の存在とどのように関わっているかについてお話します。イノシシは、目が悪い動物です。だから、イノシシが生きるうえでは視覚よりも嗅覚が重要です。奥野さんが言及されていたメキシコメジロインコは、天敵の猛禽類がいるかいないかを視覚を使って見極めてから、畑を荒らすか否かを決めていたのに対して、畑を荒らそうと狙っているイノシシは、嗅覚を使って関わり合いを持ちます。ルナのインコ脅しでは、インコにとって猛禽類に見えるようなものを作りますが、日本の山村では、人間の髪の毛や古着を畑に置いて、イノシシ除けをします。たとえ人間の姿がそこになくても、イノシシにとってはそれらが人間の存在を意味することを知っているからです。つまり、これらはイノシシにとって人間を意味する「換喩（メトニミー）」としての表象だと考えられます。さらに先行研究[*16]では、村人が焼き畑をやるのにいい場所を探すうえで大事なのが、イノシシが山芋を掘った穴があるかどうかだという話もありました。なぜかと言うと、焼き畑が終わった後、数年間経って地面の養分が回復した土地では、大きな山芋が育つようになります。イノシシはそれを鼻で嗅ぎ当てて、掘って食べています。回復してきた地面の養分で育つ地中の山芋は、人間の目には見えないかもしれないけど、イノシシが鼻を使って掘ることで可視化されるのです。人間を超えた感覚器官があって、その力があるからこそ、イノシシは人間と対峙することができるし、逆に人間はイノシシの鋭敏な嗅覚を逆手にとって、畑を守ることもする。他方で、イノシシの嗅覚を使って地面の養分の回復具合を可視化する時のように、自分の生活に役に立てたりもする。このように、感覚を通じたかなり複雑な関係性、駆け引きがあることが面白いと感じます。単に人間とイノシシの関係で閉じるのではなくて、山芋とも関わっていたり、そのような絡まり合いに開かれているということも合わせて考えなければいけないと思いました。

次に、中江さんがおっしゃった自然科学との対話について、少しコメントをします。二〇一〇年に『カルチュラル・アンソロポロジー』という雑誌でマルチスピーシーズ民族誌の特集が組まれました。その寄稿者の一人に霊長類学者がいます。アグスティン・フエンテスという人なのですが、その方はバリの寺院近くに住んでいるサルを研

---

*15　人と動物の人類学のパラダイムシフトについては、以下の文献を参照のこと。ポール・ナダスディ　2012「動物にひそむ贈与：人と動物の社会性と狩猟の存在論」近藤祉秋訳、『人と動物の人類学』奥野克巳・山口未花子・近藤祉秋編、pp.291-360、春風社；カークセイ、S・エベン＋ステファン・ヘルムライヒ　2017「複数種の民族誌の創発」近藤祉秋訳、『現代思想』45(4): 96-127、青土社。

*16　須藤功　1991『山の標的――猪と山人の生活誌』未來社。

究しています[*17]。フエンテス自身はもともと霊長類学者なので、サルの行動を調べるために痕跡や糞の調査をしているのですが、それに加えて、サルと関わりを持つ村人に聞き取りを行い、文理融合的なアプローチで研究をしています。マルチスピーシーズ人類学にもさまざまなアプローチがありますが、自然科学者自身が人文科学的な研究方法も組み合わせて研究を進めていくという方向性もあるわけです。

それに対して、人類学者は何をするべきか。私はマルチスピーシーズ民族誌家と自然科学者との関心の違いを、うまく生産的な対話に結びつけることを目指すべきではないかと考えています[*18]。マルチスピーシーズ民族誌家が主に訓練を受けているのは人間社会のフィールドワークなので、生態学者と比べるとどうしても人間寄りになってしまうかもしれないけれども、それに加えてフィールドワーク中に自然観察も行うことができます。

例えば、私が関心を持っているのは、内陸アラスカの鳥と人間の関係なのですが、鳥類学ではアラスカの鳥の渡りに関する研究はたくさんあります。渡り鳥のなかには、さまざまな理由で秋になっても渡れなくなった「残り鳥」がいます。残り鳥が村の近くをうろついていると、内陸アラスカ先住民の村人は捕まえて、冬の間飼育して、春になると放鳥してきました。取り残されてしまった鳥たちとアラスカ先住民の村人がどのように関わっているかは、鳥類学の検討や関心の対象にはなりません。しかし、イヌ以外の動物を飼育しないはずの内陸アラスカ先住民の人々が野鳥の一時的保護をしていることは、マルチスピーシーズ人類学的には面白いことになりえます。このように、通常は自然科学者が関心を持たないような人と他種との関わりに、フィールドワークを通じて迫っていき、自然科学者との対話の糸口としていくのも、ひとつの方向性として考えられるのではないでしょうか[*19]。

奥野：最後の論点ですが、残り鳥に対する人々の扱いは、鳥類学者や生態学者の研究の視野から漏れ落ちる可能性がある。それに対して、人類学者はその問題を拾い上げられる。それらを持ち寄ることで、相補的に対話に発展させていくこともできるだろう。それがマルチスピーシーズ民族誌研究の意義のひとつになるのではないか。そういった指摘ですね。最初の方の論点は、嗅覚からマルチスピーシーズ世界に接近するということでした。案山子の語源は「嗅がし」だとも言われます。日本では、案山子はもともとイノシシやシカ、サルに人間の臭いを嗅がせることによって、人間が周囲にいることを想定させる仕掛けだったとも言われていますが、そういった感覚の領域にまで研究を拡張していくことができるのではないか。加えて、そのことが、人間と動物と、その関係を媒介する案山子との複数者の関係であるのと同じように、イノシシと人間の一対一の種間の関係だけではなく、イノシシと人間の間に山芋が入って、マルチスピーシーズ民族誌が説く絡まり合いという視点に開かれていく。こうしたアイデアは、とても興味深いと感じました。

一九九六年刊行のデスコラとパルソン共編の論集 *Nature and Society*（『自然と社会』）[*20] の若き著者であったナイトさんは、人間と動物（非人間）の関係の問題を人類学のなかに持ち込んだパイオニア世代でした。今から振り返ると、そのあたりが、人間とシングルスピーシーズ（単一種）との関係をめぐる人類学的な研究がはじまった時代だったのではないか。その後、微生物などの「多なる存在」を取り上げる「科学技術の人類学」の進展により、一から多へ、つまりマルチスピーシーズ（複数種）にシフトしてきたのではないか。そんな近藤さんの「マルチスピーシーズ誕生秘話」の見立ても、非常に魅力的でした。

＊17　Fuentes, Agustín "Naturalcultural Encounters in Bali: Monkeys, Temples, Tourists, and Ethnoprimatology." *Cultural Anthropology* 25 (4): 600-624.
＊18　近藤祉秋　2019「マルチスピーシーズ人類学の実験と諸系譜」『たぐい』vol.1: 126-138、亜紀書房。
＊19　近藤祉秋　2021「内陸アラスカ先住民の世界と「利那的な絡まりあい」——人新世における自然＝文化批評としてのマルチスピーシーズ民族誌」『文化人類学』86(1): 96-114。
＊20　Descola, Philippe and Gísli Pálsson (eds.)　1996　*Nature and society: anthropological perspectives*. Routledge.

第二部　人間的なるものを超えた人類学の未来

第四章

モンゴルの医療、マルチスピーシーズ・ストーリーテリング、マルチモーダル人類学

ナターシャ・ファイン

村津蘭（聞き手）

ナターシャ・ファイン　Natasha Fijn
オーストラリア国立大学・モンゴル研究所を拠点に活動。専門はマルチスピーシーズ人類学、映像人類学。モンゴルやオーストラリアで、家畜化、マルチスピーシーズ民族誌、人間以上の領域の社会性などをテーマとしてフィールドワークを行ってきた。主な著書に *Living with Herds: Human-Animal Co-existence in Mongolia*（2011）、主な映像作品に *Two Seasons: Multispecies Medicine in Mongolia*（2017）などがある。

村津 蘭　Ran Muratsu
東京外国語大学現代アフリカ地域研究センター特任研究員。専門は文化人類学、アフリカ地域研究、映像・マルチモーダル人類学。主な論文に「妖術師の生成するところ―ベナンの新宗教の実践における身体・情動・マテリアリティ―」（川田牧人・白川千尋・飯田卓編『現代世界の呪術　文化人類学的探究』、春風社、2020年）などがある。映像作品に『トホス tɔxɔsu』(2017年、東京ドキュメンタリー映画祭奨励賞受賞)、映像インスタレーション『触れたら、死ぬ』(2018年、ギャラリーアクア 展示会「im/pulse: 脈動する映像」）などがある。

ワンヘルス――牧畜とモンゴルの医療

村津蘭（以下、村津）：ナターシャさんは二〇一六年からモンゴルのマルチスピーシーズ医療について調査されていると伺っています。まずその観点からコロナウイルスについてのご意見をお聞かせいただけますか。

ナターシャ・ファイン（以下、ファイン）：私は現在、モンゴルの医療と知識の伝達について研究する国際チームで活動していて、その一部は「ワンヘルス」[*1]という概念の枠組みと関係があります。ワンヘルスとは、人間に対する医療だけではなく動物に対する医療や環境的な要因を一体のものとして捉える比較的新しい医療的な枠組みです。このような種を超えた学際的なアプローチは、人文学や社会科学では今まであまり探求されてきませんでした。私たちのプロジェクトのひとつの課題は、ローカルな文脈のなかで用いられてきたモンゴル医療をどのように文化横断的に見ていくことができるのかをフィールドワークを通して考えることです。ちょうどマルチスピーシーズ的な

＊1　「ワンヘルス」とは、人間の健康が他の動物やわれわれが共有している環境と緊密につながっているということを認めるアプローチである。この概念は特に人獣共通感染症の領域で強調されている。

つながりに焦点を当てたマーモットとペストについての論文を二本書き上げたばかりなのですが、その内の一本はマーモットと（ウイルスの媒介動物である）蚤、ペスト菌、その他の種が、どのように相互接続的な社会生態の一部であるかについて注目したものでした。モンゴルの牧夫はマーモットを狩って珍味として食します。マーモットには強力な治療効果があるとされているのです。モンゴルでは毎年数件、マーモットを狩った若い男性がペストで亡くなるケースがあるにもかかわらず、マーモットに対する古くからの文化的な伝承やコスモロジーにおける認識は、ペストへの恐怖に勝る傾向があると言えます。コロナウイルスもまた種を超えた病です。そのウイルスがどこから来たのか、それが潜んでいるのはコウモリか鳥なのか、その媒介体となるのは何か、センザンコウなのかジャコウネコなのかなどの議論が最近盛んにされています。しかし、このように素早く変異するウイルスは種の間の差によって可鍛性が高くなるため、出所を特定するのが困難です。私はこのようなウイルスの発生源に着目して、場所を明確に特定して責任を配分しようとするのではなく、ウイルスが異なる種の間を移動するあり方や、私たちにとって採用可能な予防措置に焦点を当てる必要があるというエベン・カークセイ[*2]の意見に賛成します。

モンゴルはコロナウイルスの国内流入を避けるための対処を上手くしているといえるでしょう。その理由のひとつは、遊牧を主な生業とする国家としてしばしばペストのような動物由来感染症の病気や、ブルセラ病や口蹄疫、炭疽病のような人獣共通感染症に対処しなければならなかったからだと思います。彼らは本来、生物科学の医者や獣医が、人獣共通感染症に対抗するためには種を跨ぐ病に注目することが最良な方法だと言いはじめるずっと前から、何千年もワンヘルスの枠組みに沿ってやってきたのです。モンゴルでは、検疫や病の隔離に長い伝統があります。例えば去年の二〇一九年五月初旬に、マーモットの生肉を薬として食べて亡くなった夫婦がいましたが、彼らが住んでいた町では即座に隔離が宣言されました。モンゴル人はこのような対策に慣れているのです。しかし、牧畜コミュニティにおける病の予兆に気づいた時の対応は、どちらかというと予防法に関するものです。例えば、ウマが鼻水を出していたり躓いたりするのは、馬インフルエンザのサインかもしれず、見張り役のマーモットが警告音を出すことに失敗し鈍い動きをしているのは、マーモットの群居地にペストが潜んでいるサインかもしれないといったことです。ですから、政府がすべきことはワクチンなどの生物医療の技術と、牧畜コミュニティが持つ病の前兆や予防実践に関する知識を統合することです。

村津：私たちの医療や健康の考え方に、コロナウイルスはどう影響を与えたと考えますか。

ファイン：コロナウイルスは、人間の身体と健康だけに着目するような人間中心的やり方ではいけないという、私たちの認識を高めたと考えています。生物医療や西洋医学の枠組みはとても細分化されています。アネマリー・モルは『多としての身体』[*3]を出版し、医療システムが異なる存在論としてどのように分断されているのかを手際よく示しました。また、彼女とジョン・ローはカンブリアのヒツジについても論文を書いています。[*4]彼らは、農夫たちのヒツジに対する見方に対して、獣医は異なる見方で見ていること、さらに疫学者もまた異なるスケールで見ていることを指摘しました。人類学者や社会科学者として私たちがしなければならないのは、これらすべての異なるパースペクティヴを、健康という観点でどのように結びつけられるのか考えることです。モンゴルの医療はより包括的なものであって、さまざまな側面を別々の領域的なカテゴリーにただ振り分けるものではありません。治療師は、特定の薬用植物を、違う分量で、おそらく他の特定の材料と混ぜたりする形で、出産した後のウシにも腎臓に

＊2　Kirksey, Eben　2020　"The emergence of COVID-19: A multispecies story." *Anthropology Now* 12(1): 11-16..

＊3　モル、アネマリー　2003　『多としての身体――医療実践における存在論』浜田明範・田口陽子共訳、水声社。

＊4　Law, John, and Mol Annemarie　2008　"The Actor-Enacted: Cumbrian Sheep in 2001." Carl Knappett and Lambros Makafouris (eds.) *Material Agency: Towards a Non-Anthropocentric Approach*, pp.57-78. Springer.

問題を抱えた人にも処方する場合があります。ここで問題なのは、新しく変異した毒性のある病に対抗するにはどうしてもワクチンに頼る必要があるために、伝統的医療で対処できないことです。このように素早く広がる病とどう向き合うかについては、何世紀にもわたって蓄積された知識がないのです。しかし、モンゴルの医療は、免疫力を高めて健康を維持し周囲の土地（ノタック）とのバランスを保って病を初期段階で予防するのを考えることは得意でしょう。この性質は、日本や中国、チベット、アーユルヴェーダのような、多くの異なる伝統医療のアプローチにも共通していると思います。モンゴルの医療はもともと多元的で、他の「伝統的な」医療技術も受け容れているためにあまり知られていませんが、モンゴル高原に特有の長年の実践も多くあるのです。

観察映画──民族誌映画の手法

村津：調査について言えば、ナターシャさんはテクストを基盤とする従来の民族誌（ethnography）だけではなく、民族誌映画（ethnographic film）も作成していますね。今世紀に入って、映像の技術的な発展と人類学におけるパラダイムシフト──特に象徴的な構造から実践や感覚への力点のシフト──が起こるなかで、民族誌的調査を構成するものとして映画制作に対する関心が高まっています。今日、映像人類学者は実験的なものからフィクション映画まで、さまざまな映画制作のスタイルを使っていますが、そのなかでも「観察映画（observational film）」は主要な位置を占め続けています。ナターシャさんも制作方法として採用している「観察映画」は、一九六〇年代の移動可能な音声同録システムと軽量カメラの発達によって発展したダイレクト・シネマやシネマ・ヴェリテ[*5]と重なり合う一群のドキュメンタリー映画です。ナターシャさんが「観察映画」という映像制作のスタイルに辿りついた経緯と、調査方法としてどんな特色があるのかを教えていただけますか。

瀉血のためにウマを捕まえようと投げ縄を投げる若い牧夫（モンゴル）。Photo by Natasha Fijn.

ファイン：私の学問的背景には動物行動学があり、以前はナチュラル・ヒストリー的な映画制作をしていました。ですが、二〇〇四年にはじめてオーストラリア国立大学（ＡＮＵ）に来て、博士号取得のための調査を実施した時に、民族誌的な映画制作が人類学的な調査の一部として認められていることを知りました。それで映画制作を自分のフィールド調査の方法として取り入れることにしたのです。デイヴィッド・マクドゥーガルとジュディス・マクドゥーガル[*6]が私の大学を拠点としていたのは幸運でした。観察映画は、時間や空間がごた混ぜの短いカットで編集された没入しにくい映画と比較して、異なるコンテクストにいる観客に、まるで彼らが対象と一緒にいて自分たちが全体の一部かのように感じさせます。それは時間や空間がごた混ぜに短いカットが編集され、必然的に没入しにくいものとは違うものでありたいのです。ＡＮＵに所属していたもう一人の著名な映像作家のゲリー・キルディアは、全知の存在のような外部のナレーションで観客を動揺させるのではなく、いかにドキュメンタリーの「夢のなかに」没頭させるべきかについて語っています。観察映画制作は、スタイルとしても倫理的にも、自分が動物に関して伝えたいことと一致するように感じました。なぜなら、ナチュラル・ヒストリー的な映画制作は演出されることが多く、現実よりもドキュメンタリードラマのようだからです。観察映画は、フィールドの人々が展開する出来事を実際に記録するプロセスであり、用意されたスクリプトや計画に沿うものではありません。つまり、観察映画はコンセプトやアイデアに関しての方向性は持っていますが、フィールドに根付きながらフィールドの影響を受けていく現在進行形のプロセスなのだと言えます。

村津：観察映画はあからさまなナレーションや演出を含めずフィールドの実践に焦点を当てることで、物語の対象の方が映画制作者のプランよりも重要だということを示しているといえそうですね。この態度は人類学的な関わり方と一致していて、それが人類学的な映画制作として支持される理由かもしれません。マクドゥーガルといえば、彼は「観察映画は世界には見るべき価値があることが起こっているという前提に基づいている。そして、対象の持つ特有の空間的、時間的なあり方は、その見るべきもののひとつである」[*7]と述べています。ナターシャさんの制作した映画『ヨルング・ホームランド』[*8]は、場所のもつ時間やテンポを感じさせることに成功していると思いますが、このような効果をもたらすために考えたことを聞かせていただけますか。

ファイン：テンポとコンテキストを築くことは、デイヴィッドから学んだ重要な観点で、私はそれをこの『ヨルング・ホームランド』のなかで実践しました。私は自分が運営に携わっていた修士課程の民族誌映画制作コースにデイヴィッドをゲスト講師として招いたのですが、彼は映画では最初の五分間でテンポを描き、その後どのように進むかを示すのだと話していました。つまり、ゆったりとしたテンポではじめたならば、その後の映画が同じようなテンポで進むことを観客は受け入れるのです。だから「ヨルングの時間」のゆったりとしたテンポを表現するために、映画の冒頭は静かな朝のシーンからはじめました。町から離れたアボリジニーのコミュニティのなかにいるということがどう感じられるかを伝えたかったのです。大抵の場合は静かで、物事がゆっくり起こりますが、太陽が降り注ぐ時間になると急に多くの活動がはじまることもあります。

村津：民族誌映画はマリノフスキーが言った、声のトーンや物の手触りなど、日常の数えられない質である「不可量部分（imponderabilia）」を伝えるひとつの方法だと思います。[*9] 不可量部分は民族誌家が調査するべき要素のひとつとされますが、社会構造やナラティブと違いテクストだけで表現することが難しいものです。ナターシャさんの映画「ヨルング・ホームランド」で、特に不可量部分的なものを感じたのは、海辺で一人の女性が、獲った魚を分け与えなかったことで海鷲になってしまった男の子の民話を語るシーンでした。このシーンを作ろうと思った背景を教えていただけますか。

ファイン：この民話を語ることを決めたのは、語っていたヨルングの老人自身です。海で捕らえた材料を調理していたら、ちょうど近くで海鷲が数匹のカラスから巣を守ろうと騒いでいたのです。そのときに彼女が語り始めまし

＊5　ドキュメンタリー映画のスタイル。ダイレクト・シネマは主にアメリカ合衆国やカナダで発展した一方、シネマ・ヴェリテはフランスのジャン・ルーシュの影響を受け発展した。両者は異なる点もあるが重なる点も多い。どちらのスタイルも現実の生活の様子を記録するものである。

＊6　デイヴィッドとジュディス・マクドゥーガルは、二〇以上の民族誌映画を制作した、映像人類学を牽引する観察映画制作者である。デイヴィッド・マクドゥーガルは *Transcultural Cinema*（1998　Princeton University Press）、*The Corporeal image*（2005　Princeton University Press）や他の論文を通し、理論的な枠組みにも大きく貢献した。ナターシャ・ファインの著作の *Living with Herds: Human-Animal Co-existence in Mongolia*（2017　Cambridge University Press）のタイトルは、ダナ・ハラウェイの *When Species Meet*（2008　Univ Of Minnesota Press　日本語訳は二〇一三『犬と人が出会うとき――異種協働のポリティクス』高橋さきの訳、青土社）のなかの becoming with other animals という概念とともにディヴィッドとジュディス・マクドゥーガルの映画 *To Live with Herds*（1972）のタイトルになぞらえたものである。

＊7　MacDougall, *Transcultural Cinema*, p156.

＊8　Fijn, Natasha　2015　*Yolngu Homeland*.（https://fijnfilms.squarespace.com/work#/yolnguhomeland/　最終アクセス日：二〇二一年五月二八日）

＊9　映像人類学と不可量部分の関係については、箭内匡　2018『イメージの人類学』、せりか書房を参照。

た。実際の海鷲とコスモロジーの間のつながりを感じてほしかったのだと思います。この民話はよく知られたもので、ヨルング・ホームランドの学校教育のために英語でも書かれています。本で読むこともできますが、私はこの民話がどのように語られるものであったのかを、田舎で物語られる正しい文脈のなかで示したかったのです。これは子供たちのための物語ですが、海鷲が頭上で鳴いている場所で座って聞く必要があるのです。そうすることで、物語のなかの鷲と空を飛び回る本物の鷲のつながりを作ることができて、まったく文脈から外れた教室の本のなかにある物語より、ずっと心に訴えるものになります。この鷲は多層的な意味を持っています。物語のなかで、人間、つまり子供たちの先祖が鷲に変身したことで、海鷲が彼らのトーテム動物かもしれないという点で、彼ら自身も鷲の一部であると考えられるからです。海岸にいる実際の鷲であるというだけではなく、物語を聞いている子供たちと直接的にもつながっている存在です。人間と鷲という違う形に互いに変身することができるので、物語を聞くヨルングの子どもたちにとって、動物はより意味深いものになります。それはヨルングの人々が鷲のパースペクティヴで考えることをも促すのです。

マルチモーダル人類学――不可量部分への挑戦

村津：民話の不可量部分的な側面だけではなく、ナターシャさんのおっしゃる「多としての存在（multiple being）」[*10]という概念も伝えているわけですね。このような不可量部分的な側面を伝える方法は、映画だけに限定されているわけではありません。近年、北米を中心として「マルチモーダル人類学（multimodal anthropology）」という概念が、映像人類学に代わるものとして提唱されています。この動向はフィールドにおいても、人類学者が属する社会においても、さまざまなメディア環境が急速に発展してきたことを反映しています。このマルチモーダルという発想は、メディア関連の実践だけにとどまらず、物理的に感覚・身体を巻き込む民族誌にも広げられるのではないかと考えていますが、[*11]マルチモーダル人類学について、ナターシャさんのご意見をお伺いできますか。

ファイン： 私はさまざまな種類のメディアを用いた、マルチモーダルなコミュニケーションに賛成です。ポッドキャストの新たな動向や、調査を追究するためにオーディオを使うこともとてもよいと思っています。学者たちはいまだに本というメディアによって自己規定する傾向がありますが、他の要素も取り入れていくことは重要だと思います。限られたアカデミックの聴衆だけではなく、一般の人々にもアイディアやコンセプトを伝えていきたいですね。アカデミアという枠を超えて、自分の研究に関心を持ってくれる人々に届けたいと常々思っていましたので。私はさまざまなコミュニケーションのモードを試してみるのが好きで、ひとつひとつのプロジェクトにおいて、どのように伝えるのが一番いいのか考えてきました。二〇一七年に私は「二つの季節――モンゴルのマルチスピーシーズ医療」[*12]という観察映画を撮ったのですが、そこで多くのウマの瀉血（医療の目的で実践者が、さまざまな箇所に針を刺し血を抜くこと）の事例を撮影しました。それを用いて、医学史家が主催した、流動体に関するカンファレンスに出席したことに刺激を受けたことをきっかけに新たな作品を作りました。[*13]その作品は、探査ジャーナリズム

＊10　ナターシャはこの海鷲の民話について以下の論文でより詳しい内容を記述している。Fijn, Natasha　2019　"The Multiple Being: multispecies ethnographic filmmaking in Arnhem Land." *Visual Anthropology* 32(5): 383-403.

＊11　例えば、インタビュアーの村津も所属する Anthro-Film Laboratory では、「モノが実践を通して力を持つ」ことを経験してもらうための、インスタレーションなども実施している。

＊12　Fijn, Natasha　2017　*Two Seasons: Multispecies Medicine in Mongolia.*（http://blog.wennergren.org/2018/03/fejos_fijn/　最終アクセス日：二〇二一年五月二八日）

＊13　Fijn, Natasha　2020　*Bloodletting in Mongolia.*（https://press-files.anu.edu.au/downloads/press/n7034/html/05-bloodletting-in-mongolia/index.html　最終アクセス日：二〇二一年五月二八日）

的なものを伝えるのに新聞社やオンライン雑誌でよく使われるShorthandというツールを用いて作ったのですが、ページをスクロールしていくと、それに合わせてイメージが変化するのです。多様な静止画があることで、ストップモーションアニメーションのようになる。最終的に、三つの独立部からなるフォトエッセイになったのですが、瀉血についての調査を伝える新しい道具としてShorthandを使うことは、非常に楽しいことでした。

　近年は、別の存在のパースペクティヴを得るために、GoProカメラも使っています。ちょうど今年のはじめ、コロナウイルスが私たちの生活に影響を与える前に、さまざまな聴衆に対して多様な方法でコミュニケートするための試みとして、パートナーと他のアーティストと一緒に展示会を共同キュレートしました。その展示会は「モア・ザン・ヒューマン——人新世時代における動物[*14]」というタイトルです。ここで私が展示した映像は、気候変動に直面する人間とウマの経験を伝えるために、ウマに乗る若いモンゴル人の牧夫のヘルメットにGoProをつけてもらい撮ったものでした。ウマと牧夫は、他の群れのウマを見つけるために、雪嵐のなかを探索しつづけなければなりませんでした。人間とウマがひとつの存在としてどのようにランドスケープと関わっているのかがわかる、素晴らしいフッテージだったと思っています。また去年には、私が住んでいるところの周辺、オーストラリアの首都キャンベラから一時間ほど離れたところで、ひどい山火事があったんです。そこで私は火事で全焼した直後に、ウマとその騎手が黒く焦げてしまった森林を横切るところを記録しました。モンゴルの凄まじい雪嵐から、オーストラリアの夏に火事を引き起こす異常な熱波まで、気候変動が環境に対して全く異なる様相でどのように影響しているのかを示したかったのです。私はこの展示で、ふたつの対照的なシナリオをひとつは白を中心に、もうひとつは黒をを中心とした映像として並べ、ウマと騎手が変化しゆく彼らの世界を案内するかたちで展示しました。人々に自分たちが動物や土地との関わり方を異なる方法で捉えることができるということを最終的に理解してもらいたいという思いでした。彼らのなかには、肉を消費するということを恐れる人々もいますが、そうすると飼育動物は機

春の雪嵐のなかでまとめて避難している子ヒツジたち（モンゴル）。Photo by Natasha Fijin.

牧畜地近くの新雪に足跡を残すヒツジとヤギ（モンゴル）。Photo by Natasha Fijn.

械的なものの、あるいはただ消費のための産物になってしまいます。しかし、他の文化における動物へのさまざまなパースペクティヴや存在論を示すことで、既存の動物観を超えるような思考をしてほしいですし、動物と関わる異なる方法についても考えてほしいと思います。

私は奥野克巳さんが代表をしているマルチスピーシーズ人類学に関する科研費プロジェクト[*15]の一員です。そのプロジェクトの一環で、日本で騎射のフィールドワークをして、二〇一八年九月には東京の流鏑馬祭と京都の笠懸神事を観ました。また、ふたつの異なる文脈における人間とウマの感覚的エスノグラフィや社会文化的な関与を比較するために、去年九月にモンゴルのウランバートルで国際騎射フェスティバルを調査しました。更にこのプロジェクトの一部として実施されている連続セミナーのなかで発表し、マルチスピーシーズ研究における私のアプローチを博士課程の学生に教えるために東京へも行きました。この複数年のプロジェクトの一端を担い、マルチスピーシーズ人類学に注目している日本の研究者と関わる機会が与えられているのは、素晴らしいことだと感じています。

村津：ナターシャさんが行っている、一般の人々へのアウトリーチの仕方や人類学的な参与のスタイルを広げていくアプローチはとても興味深く、刺激的だと感じました。人類学的な実践が多様な方法で実施されているという意味で、私たちが目指しているのはナターシャさんが提示する概念を借りて言うならば、「マルチプルな人類学」と言えるものかもしれませんね。今日はコロナウイルスやマルチスピーシーズ、そしてマルチモーダルな人類学的な取り組みについて示唆的な考えを聞かせていただき、本当にありがとうございました。

＊14 “More Than Human: The Animal in the Age of the Anthropocene.” 2020. 詳細は以下（https://soad.cass.anu.edu.au/events/more-human-animal-age-anthropocene　最終アクセス日：二〇二一年五月二八日）。

＊15 科研費基盤研究(A)「種の人類学的転回：マルチスピーシーズ研究の可能性」（二〇一七―二〇二一年度）

第五章　森の思考を聞き取る人類学

エドゥアルド・コーン
近藤宏（聞き手）

エドゥアルド・コーン　Eduardo Kohn
マギル大学人類学部准教授。エクアドル、アマゾン河上流域に暮らす先住民と当該地域の環境・生態系との関係を中心に研究。ウィスコンシン大学マディソン校博士過程修了。博士（人類学）。主な著書に『森は考える　人間的なるものを超えた人類学』（奥野克巳・近藤宏監訳、近藤祉秋・二文字屋脩共訳、亜紀書房、2016 年）がある。同書でアメリカ文化人類学協会よりグレゴリー・ベイトソン賞受賞（2014 年）、9 つの言語に翻訳され、リンカーン・センターで初演奏された同名の交響曲や、ジェノヴァやモントリオールでの博物館展示が催されるなど、他分野からの反響も大きい。

近藤 宏　Hiroshi Kondo
神奈川大学人間科学部准教授。主な著書に『ノーライフ・ノーフォレスト』(阿部健一・柳澤雅之編、京都大学出版会、分担執筆、担当 4 章)、『異貌の同時代　人類・学の外へ』（渡辺公三・冨田敬大・石田智恵編、以文社、分担執筆、担当 16 章）『動物殺しの民族誌』（シンジルト・奥野克巳編、昭和堂、分担執筆、担当 5 章、2016 年）。主な訳書に、エドゥアルド・コーン『森は考える　人間的なものを超えた人類学』（奥野克巳と監訳、近藤祉秋、二文字屋脩と共訳、亜紀書房、2016 年）、『インディオの気まぐれな魂』（エドゥアルド・ヴィヴェイロス・デ・カストロ著、里見龍樹と共訳、水声社、2015 年）などがある。

『森は考える』の書き方

近藤宏（以下、近藤）： 私自身も日本語版の翻訳に関わったのですが、二〇一三年に英語で発表されて世界中で大きな反響のあった *How Forests Think*（日本語訳『森は考える』、二〇一六年刊行[*1]）の著者であるエドゥアルド・コーンさんに、本日は主に三つのテーマについてお伺いしたいと思っています。ひとつめは、『森は考える』についてお尋ねしたいと思います。次に、民族誌的現実について分析し、考える方法について。そして、最後に、『森は考える』以後に、どのようなことをなされてきたのかについてお聞きしたいと思っています。まずは、この刺激的で挑発的なタイトルの著作『森は考える』で、何を目指されていたかを振り返っていただけますか。

エドゥアルド・コーン（以下、コーン）：『森は考える』は民族誌なので、人々とともに暮らし、その人たちがなすことに耳を傾けるなかでできあがりました。私がフィールドワークを行った地域では、人は人の間でのみ暮らして

＊1　コーン、エドゥアルド　2016『森は考える――人間的なるものを超えた人類学』奥野克巳・近藤宏監訳、近藤祉秋・二文字屋脩共訳、亜紀書房。

いるわけではありません。彼らは森のなかで、人と人以外の多種多様な存在に囲まれて暮らしていました。そのため「民族誌を行って（doing ethnography）」、さまざまな存在に「耳を傾け」ました。そこには「人々の声を聞くこと」以上の意味があったのです。私は、人ではない存在たちの声にも耳を傾けていたのです。私は、人々がこうした「他なる存在」と交流する様子を傾聴していました。そのうち、人々が森にいる存在とコミュニケーションを取る時には、言語が普通とは少し変わったかたちで使用されているのに気づいたのです。そのようにして、人々が何をしているのかを理解するには、私がもともと考えていた人類学自体についても変えていかなければならないことに気づいたのです。森のなかで多種多様な存在と関わり合う人々と真の意味で一緒に過ごすこと。それがこのプロジェクトの根本にあります。

近藤：コーンさんが、そのような発見を一冊の本にまとめる際に、最も難しかったことは何でしょうか。

コーン：いろいろな段階で多くの困難に出くわしました。私は、本書のもとになる調査を行ったエクアドルでは四年間を過ごしました。現地でのフィールドワークも、その段階のひとつです。そのフィールドワークは博士論文のプロジェクトの一部だったのですが、ともかく、本当に長い時間をそこで過ごしたのです。「ああ、全く何も起こらないな、退屈だ」と感じたこともありました。しかし、物事が急にひとつに結びついて、ひらめく瞬間もあって、後から振り返ってみると、本書に挙げた最も刺激的な発見のいくつかは、ほんの数秒の間に起こったことだったのです。そうした発見については、その後かなりの時間を割いて執筆することになりました。時間性というのは、面白いものですね。特に何もしないことに多くの時間を費やすこともあれば、瞬く間に事が起こる状況が突然訪れたりもします。そんなふうになるには、自分がその場に居続けることが必要だったのです。いずれにせよ、この本では森が考えるとはどのようなことであるのかを説明しようとしています。そして「なぜそのようなことが言えるのか」「人類学の枠組みでもそのようなことが言えるか」といったことを、本書を読んだ人たちが話題にできるよう

森に育つ巨木と人（パナマ・エンベラ＝ウォウナン特別区）。以下、すべて撮影：近藤宏

に揺さぶりをかけることが狙いなのです。私はこれまで、人類学には多くのことを伝える術がないことに歯痒い思いを抱いてきました。人類学者が決まって言うのは、この人たちはこう考え、あの人たちはこう考えている、といったことです。私には、そんなことをやっていたのでは、誰かが言った何事かを記述する以上に先に進んでいくことができないように思えたのです。

人が他なる存在と関わり合っているという事実があったため、私は、研究のやり方は他にもあるのではないかと考えたのです。その結果、本書のような研究に結びつきました。というのは、彼らは、森のなかで事を成し遂げるためには、社会的現実や文化的現実——人類学者が日頃、研究対象としているような類（たぐい）の現実——とは異なる現実へと踏み込んでいかなければならなかったからです。人々は、他なる存在とは異なる水準で交流しています。話し方や考え方を変えざるをえないほどに異なる水準においてなのです。私はこうした点にとても興味を抱きました。そのことをひとたび理解し、その跡を追うようになれば、その現実が見えてくるようになる。そして、もしその現実にきちんと目に向けるならば、読者が人類学であると考えていることを問わずにはいられなくなる。そうしたことを本書では示そうとしました。人類学は、もはや文化について語るだけではなくなっています。人間であるとはいったい何を意味するのかを考え直すように、読者は促されるからです。こうしたことすべてにわたって書かれているのが本書です。

近藤：『森は考える』でコーンさんは、人類学者として、現実の新たな捉え方を探っていたのですね。人類学者は、現実を文化的現実として描写することに慣れていて、「ある人たち」だけにとっての現実、つまり他の誰かの現実として理解しています。それに対して、コーンさんが行ったのは、このような現実を、他なる存在の現実、そしてわれわれの現実にまで広げる方法を探すということだったということですね。つまり、「他者の現実」をふたつの方向に広げることだと理解しました。

コーン：まさにそれこそ、私が試みたことだったのです。このように現実について語ることができるという事実を示したいと考えました。だからこそ「いかに森は考えるのか」という問いが浮上してきたのです。それは、人文科学や社会科学、人類学にある真の問題、これまではなかなか取り組みえなかった問題です。これまでの人類学は、人間を超え、人間が世界をどう見ているのかを超えていくことなどできやしないと考えているのです。

一冊の民族誌が巻き起こした反響

近藤：『森は考える』には、さまざまな反響が寄せられました。もし気になった反響があれば、教えていただけますか。好意的な反響のなかで、意外だったものはありましたか。

倒木の穴に隠れた獲物を
追い詰める猟犬と猟師

コーン：学術的な反響は、概ね好意的だったと思います。それらは興味深いもので、今でもたまに思い返していま す。なかには、私の意図を理解していると感じるものもありましたが、どうなのか分からないものもありました。私の意図を十分に理解できていないと感じる表面的な反響もありました。しかし、あまり期待はしていなかったのでその分とても刺激的に感じたのが、専門にしている人類学の外からの反響でした。特に音楽や芸術の分野で重要視されたことでした。これはとても刺激になりました。

近藤：どのような反響だったのですか。

コーン：リザ・リムという音楽家がいます。彼女は、中国系オーストラリア人で、現代クラシック音楽のすばらしい作曲家です。彼女は、How Forests Thinkという曲名の交響曲を作曲しました。これには本当に感動しました。彼女はこの曲を一二種類の楽器のアンサンブルとして書きましたが、そのなかには中国の楽器である簫が含まれています。この楽器は、彼女がこの交響曲を演奏する際にはいつも使用されています。簫は、一人の演奏者が演奏します。中国の音楽家がこの楽器を使用するレパートリーを作ったのですが、息を吐いたり吸ったりして音を出すので、とても有機的です。それを演奏するプロセス、さらに、演奏者同士が調子を合わせようとする様子がとても面白いと感じました。作曲に私は全く関わっていませんが、私の本『森は考える』がインスピレーションとなってこの曲ができたと聞いて、とても興奮しました。当たり前ですが、珍しいことですよね。専門書の議論を参考に音楽に置き換えるなど、普通なら考えられません。この本は私の手を離れて歩き出したのです。何が起こっているのか、私には知る由もなかったのですが、後になって、われわれは連絡を取り合うようになり、カナダ南部にあるバンフという町の芸術センターで、音楽コース、つまり夏期の音楽コースをともに教えました。それ以来、われわれは一緒に活動をしています。私にとって、このコラボレーションはとても刺激的なものです。

近藤：音楽家としての彼女の反応が、今では新たなコラボレーションへと発展したのですね。他の芸術家は、いか

飼育されているヒワコンゴウインコ

森で捕らえられ、住居で飼育されているクビワ・ペッカリー

がでしょうか。

コーン：本当に新しいことが起きているのは、芸術の分野ではないかと思います。芸術家たちはアイデアを求めており、気候変動に関心を強く持っています。芸術家たちは、拙著から気候変動について表現する方法を見出しました。また、芸術における問題には、表象に関するものがたくさんあります。本書では、生ある世界と私たちの関係性を本当に理解するには、表象について理解せねばならないということを強調しました。私たちはいかに事物を表象するのか、また他者がいかに事物を表象するのか。そういったことを理解しなければならないのです。

近藤：日本では、ある美学の専門家が『かたちは思考する』という本を執筆しています。[*2] このタイトルには、『森は考える』の影響が見られます。[*3] 内容は、芸術家や画家の創作過程を通して、図形やかたちそのものがどのように考え始めるのかというものです。あなたと彼の著書は、どこか似たような考えに基づいているようです。

コーン：そうですか。ぜひ彼と連絡をとってみたいですね。

近藤：私の知る限りでは、日本でも、人類学以外の分野からも創造的な反響がありましたよ。

一流の人類学者とは民族誌的思想家のことである

近藤：では、次のテーマに移りたいと思います。翻訳者として感じる本書の魅力のひとつは、フィールドワークの経験で得られた民族誌的現実を独特な仕方で読み解いていくところにあると思います。あなたが現代人類学を論じたレビュー論文[*4]のなかで、一流の人類学者のことを「民族誌的思想家」だと表現していますね。民族誌的現実が人類学独特の広い視点をもたらしていると述べているように思われる、喚起的な表現だと思います。民族誌的現実をめぐる考え方や、民族誌的現実を通した考え方というのは、いったいどういうものだと思いますか。

コーン：人類学という分野が非常にユニークである点として、観念とその歴史に高い関心を持っていることも挙げられるでしょうけれど、結局のところ、方法論が重要なのです。民族誌とは、個人的な思い込みを少しでも取り除いて、事物に対する考えを変えるような何かと向き合う方法を見つけるための手法です。民族誌がそうした手続きの中心にあるのも、それが、あらゆることを考え直さざるをえない場のようなものだからなのです。事物に対する思い込みを思い切って捨てなければなりません。そして、それがまさに廃れることのない、変わることのない形式なのです。形式というよりも、変わらず進行し続ける、そのようなものだと言ってもいいかもしれません。人類学のなかでも優れたもののひとつは、方法にあると思います。それは、自らの道具立てや思い込みのすべてを問い直すようなものとしての、耳の傾け方なのです。

近藤：『森は考える』では、数秒から一分ちょっとの間に起こったことを詳細に描写し、そこにいかに民族誌的に深い意味があるのかを説明していましたね。民族誌的現実について考えることが、われわれの考えの前提を再考する機会となるという点は、多くの人類学者が同意すると思います。ただ、本書にはそれ以上のもの、現実の豊かさを伝える方法のようなものがあるように思えます。

コーン：はい、そうした現実にはいくつかのことが含まれていると思います。まず、本書を執筆する時にとても助けになったのは、会話や、起きた出来事に対する非常に丁寧な描写の録音データがあったことでした。些細な事柄に対する豊かさは、ここから生み出されています。また現実の細部は、いくつもの層をなしているのだと受け止めることができました。そして、その点に留まることにも時間をかけたのです。そのようにすることで、物事をさま

＊2　平倉圭　2019『かたちは思考する――芸術制作の分析』東京大学出版会。

＊3　平倉圭・金子遊・野口幸宏　2019「Making　人ならざるものとかたちづくること」『Subject'19』：4-33。

＊4　Kohn, Eduardo　2015 "Anthropology of Ontologies." *Annual Review of Anthropology* 44: 311-327.

ざまなレイヤーから比べることが可能になったのです。現地の民族生物学というレイヤーではできる限りの動植物の調査を行い、さらには民族誌的なレイヤー、歴史的知識のレイヤーへと踏み込みました。これらの事柄すべてによって、さまざまな事物を探り当て、関連づけることが可能になったのです。そしてもちろんのこと、それらの多くは、書いている間にやって来たものだったのです。私は、書くこと自体が、関連性や物事を把握する方法であると考えています。なので、別の事柄をコツコツと探り当てるために、立ち戻っては別の道のりを探るという方法を取ったのです。本書を書いていた時に行っていたことのひとつがそれです。

『森は考える』は博士学位論文を再考し、完全に書き直したものです。学位論文にある文章は、本書には一文も入っていないかもしれません。しかしそれでも、土台にあるプロジェクトは同じものですよ。扱われているのは同じ素材です。学位論文と本書の文章は全く異なりますが、同時に全く同じものです。ただこの研究において特に刺激的だったのは、たくさんのフィールドノートを手にしていた時です。ノートはすべてタイプされていました。すべてパソコンに収められたのです。研究期間も終わりに近づいており、これらのノートをすべて手に取って丁寧に読み込み、そのノートに対してさらにノートを作ったのです。フィールドノートにある大きなテーマはそれぞれ何だったのか、ノートを取ろうとしたのです。私は最終的に約一二五頁の長さの文章を書き上げました。これらはフィールドノートに対するノートなのです。それはこれまでになく興奮した時間でした。自説を立証し要点を示さねばならない時、すべてが関連している様子を示さなければならない時、そうした考えを書くことは難しいように思われました。ですが、パターンだけを見ている時、物事を見ている時、洞察力が発揮されている時には、すべてをありのまま残したいと思う気持ちによって、書くことに対する情熱が続いたのだと思います。そうできるよう、深く注意を払っていました。こうして本書ができあがったのです。

近藤：おっしゃっていることに、とてもワクワクします。それが、『森は考える』のなかでも述べられている、パターンを見つけるための方法だったのですね。

コーン：そうなんです。まさに、パターンを見つけることだったんですよ。類似性について、とも言えるでしょう。森はいかに考えるかが本書のテーマであり、森の考え方が、全体像としてつながりを持ちはじめたのです。そのような思考を自分の創造的思考においても養おうと努めたのです。そして、そうするために文章を書くことがどれだけ助けになったことか。ひとたび物事が分かりはじめて並行して見えてくるものがあるのは面白いですよね。非常に興奮します。実は、私は文章を書くのが上手ではありません。明解な文章を書くのが苦手なのです。すごく長い時間をかけて書いています。数段落を分かるようにするために数週間をかけることさえあります。そのような文章が説力を持つようになるのは、こういった文章に対して「この文は何だ？　あまり好きになれない。何てつまらないんだ！」といった自分の心の反応を大切にするのです。そして、よりよい文章が書けるよう、できる限りの努力を続けています。

近藤：あなたが思考するうえで、パターンや類似性を見つけることが非常に重要であるとおっしゃいましたね。著書では、類似性やパターンを見つけようとするのは生命特有の考え方だというベイトソンの研究について触れていましたよね。[*5] ベイトソンの議論を見つける前に、なんとあなたは既に彼が述べていたこと、つまりフィールドノー

＊5　コーン、『森は考える』、pp.173-174。

トからパターンを見つけはじめていたのですね。生命が考えるように、あなた自ら考えはじめていた。

コーン：レヴィ＝ストロースは、数学、音楽、人類学が、真の天命（vocation）であるという素晴らしい発言をしています。[*6] なぜなら、それらの分野は、自分自身によって、あるいは、自分自身のうちに、すっかりと見出すことができる天命だからです。自分のなかから引き出すことができるのです。そして、自分の発見が、フィールドとの関わりが、考えるためのツールを与えてくれるという意味において、まさしくそのとおりだと思います。そして、深く考えている時は、その考えが他の人の深い考えと合致するということは十分にありえる話なのです。もちろん、ベイトソンと私は同じ考えにたどり着くかもしれませんが、それはその考えが本当はわれわれの考えではないからなのです。それは、われわれが耳を傾けた世界から示されたものなのです。

近藤：日本で行ったプレゼンテーションでは、森での録音を使って、木が倒れる音を聴衆に聴かせていましたね。[*7] 私も人類学者としてフィールドワークを行うのですが、私には木の倒れる音を録音するために森にレコーダーを持って行くという考えは全くありませんでした。レコーダーをわざわざ持って森のなかを歩こうということは、どのように思いついたのでしょうか。

コーン：私が用いる方法のひとつは、インタビューではなく、自然のなかや、自然に囲まれて起こる事柄として、人々が普段どおりの文脈で話している様子を捉えようとすることです。そのために、テープレコーダーを森に持って行ったのです。

近藤：フィールドワーク中はいつもテープレコーダーを持っていて、どこでも録音をはじめていたということですね。

コーン：森に入る時は、たくさんの物を持って行くのですが、何も使わない時もありました。私は本当に興味深い会話を録音した時もありますが、いつも上手くいくとは限らず、結果的にはどうということのない録音もたくさん残っています。

近藤：『森は考える』で、コーンさんはイメージで考えるという表現を使って、人類学者の考えに特有の感性を表わしているように思われます。そして、著書のなかの写真はとても美しく、とても示唆に富んだものになっているように思います。イメージで考えるというアイデアは、どのように思いついたのでしょうか。特に刺激を受けた経験や研究、議論などはあったのでしょうか。

コーン：私がフィールドワークを行った地域の人々は、数百年前はどの言語を話していたかあまり分かっていないような人々です。どのような言葉を話していたか、誰も知らないのです。数百年前から現在にかけては、ペルー由来のケチュア語族のひとつであるキチュア語を話しています。この言語は、インカ文明とともに北方に広がり、アンデス系諸語と密接に関係しています。アマゾンで話されていることには、アンデスで話されていることと密接に関連するものがあります。

しかし、興味深い例外もあります。そのひとつが、アマゾンの方言には、アンデスにおける同じ言語には存在しない「擬音語」が、ひとつのクラスと呼べるほど多く生まれているということです。私はそのことに注意を向けるようになりました。私は、これが別の考え方への小さな入り口のようなものだということに気づいたのです。そうした擬音語は、いろいろな事を為す言葉です。森のイメージを創造することで、森のことを語っているのです。音のイメージ、行動のイメージ、行動が展開されてゆくイメージ。普通の言葉の使い方とは、全く異なるものです。

＊6　以下を参照。Kohn, Eduardo　2020　"A genuine vocation: The concept-work of Philippe Descola in times of planetary fragmentation." Geremia Cometti, Pierre Le Roux and Tiziana Manicon (eds.) *Au seuil de la forêt : Hommage à Philippe Descola, l'anthropologue de la nature*, pp.537-553. Mirebeau-sur-Bèze.

＊7　二〇一四年五月二一日に開催した立命館大学環太平洋文明研究センター主催国際ワークショップ「How Forests Think ―― 森はいかに思考するのか」にて。

その言葉はどれも、本当に写象主義的（imagestic）なのです。それらの言葉を調べ、なぜ使われているのか、なぜ森のなかでなのか、なぜアンデスでは使われずにこの場所では使われているのかを知ろうとしました。そうしたことが私の関心を引くようになり、イメージで考えることへの足掛かりができたのです。

そして私が考えるには、つまるところその考えによって、人が森のなかで考えることが可能になるのです。それが「森の思考」にとても似ているからなのです。つまり、言語で用いられているような象徴、つまり恣意的な記号を伴わない思考のかたちであるような、森にいるあらゆる存在の思考にとても似ているのです。非常に興味深いのは、それがどれほど模倣されるのかによって言語が変わってくる、という点です。また、そうした模倣による部分は言語そのものにうまく収まらないことが多いという点も、興味深く思っています。イメージは全体で、例えば活用変化させることはできないからです。そして、他の言語にもこのようなイメージ的な部分があるのも面白いところです。日本語にも多いのではないでしょうか。

存在論的プロジェクトから倫理的なプロジェクトへ

近藤：なるほど、すごく面白いですね。ところで、三つめの話題に話を移したいと思います。ここからは、『森は考える』以降のプロジェクトについてお尋ねします。現在進められている、*Forests for Trees* というプロジェクトについて教えてください。[*8] そこでは、アニミズム的概念を実際の環境政策に生かし、関連づけようとするエクアドルの人々のネットワークと協力されていますね。彼らはどのような活動を行っているのでしょうか。また、彼らとどのように仕事をしており、そこから何を学びましたか。このようなコラボレーションを通して感じることはありますか。

コーン：『森は考える』という本は、さまざまな意味で存在論的な本でした。その本では、世界における物事のあり方をテーマにしています。どちらかと言うと学者向けに、世界は現在考えられているものではないことを述べた本でした。もしそうなら、哲学的・概念的な枠組みを超えて、もっと世界に対して正確にならねばなりません。特に世界をめぐる議論としては、われわれはみな何らかの仕方で考える森に暮らしているということがあります。それはひとつの実在です。だから、そのことについて書いてみたのです。すると、新しいプロジェクトがかたちになりはじめました。『森は考える』の刊行後に、私は「待てよ、考える森というのは実在するだけではなく、良いものでもあるんだ」と考えはじめたのです。考える森には価値があります。そして価値があるならば、その価値が壊されないようにするために、そして世界にそうしたものを増やすために、われわれができることは何かを考えはじめました。

こうして、私の研究がより倫理的なプロジェクトにつながったのです。存在論的なプロジェクトは、倫理的なプロジェクトに変わっていきました。そうして、私はエクアドルに戻りました。私は、二〇一五年から一六年にかけて、研究休暇期間をエクアドルで過ごしました。その期間に成し遂げたかったのは、アマゾンにある他のコミュニティとともに活動することでした。これらのコミュニティとは、このような倫理的プロジェクトを分かち合うことができました。そのプロジェクトは、われわれの生き方やなすことではなく、本当に守るべきよいものなのです。そのことを、私たちは人々に伝えています。こうして私は、アマゾニアにある森を石油会社や道路工事から守っている人々と同盟を結び、世界の人々に伝えようとしています。そうした人々とともに活動するようになることで、

＊8　例えば、以下を参照。Kohn, Eduardo　2016　“Ecopolitics.” *Lexicon for an Anthropocene Yet Unseen.*（https://culanth.org/fieldsights/ecopolitics　最終アクセス日：二〇二一年五月二八日）

私の研究もとても刺激的なものとなりました。

Forests For The Trees という本についてのアイデアですが、タイトルは英語のことわざから来ていて、日本語に相当するものがあるかどうかわかりませんが、英語では「木を見て森を見ず（You can't see the forest for the trees）」と言います。この表現は通常、細部ばかりに気を取られて全体を見失うことを意味しています。一般性が見えていないのです。つまりこの表現について考えられるのはたいてい、人間には抽象化する能力が特別に備わっているということです。本当にしっかりと考えている時は、適切な抽象化を行っています。私もこの表現について考えていますが、同じ比喩を、文字どおりに、また比喩的に考えています。何が言いたいかというと、森のようなものが存在するということです。森は、われわれが作り上げる、単なる抽象化されたものではありません。森とは、単なる木々の集まりではないのです。それは創発的な特性ですから、それを構成する諸要素に還元できるものではないのです。ひとつの森という事物が存在し、その森には木々にとって良いものを言い表すための何かがあるのです。比喩的に言えば、われわれはその木々なのです。

つまり、私は今では、森とは何かを語るのではなく、気候変動や恐ろしい生態学的危機に直面しているわれわれを、森がどのように導いてくれるのかを問うているのです。今までの人間中心の倫理観が通用しなくなっていることは明らかです。われわれを導いてくれる、より大きな世界の声に耳を傾ける方法を見つけなければなりません。しかし、どうしたらいいのかがあまりよくわかっていないのです。森のなかに導きを見つけるというのは、実際にはどういうことなのか。アマゾンに暮らす人々は、その方法について素晴らしい答えを持っていました。そのため、私は真の思想家であるアマゾンの思想家、精神的なリーダーたち、物事を探求する方法や問いかける方法、関わり合う方法を絶えず問い直すこの人々とともに活動をしています。彼らとともに事をなすのはとても刺激的で知的な旅ですが、いつでもその目標は、気候変動に対する具体的な方法を考え出すことにありました。

近藤：最近、エクアドルの原油流出事故について、他の著者と共著でアルジャジーラに短い記事を寄稿していましたね。[*9] この記事も、ネットワークのメンバーとのコラボレーションの産物なのでしょうか。

コーン：はい、彼女もメンバーです。私は仕事の幅を広げています。以前、アヴィラで仕事をしていた頃の仕事は、私とコミュニティと森だけでした。今ではいろいろな人とともに活動をしています。そのひとつに、サラヤクとサパラというふたつの先住民族のコミュニティとのコラボレーションがあります。私はどちらとともに仕事をしていますが、なかには密接な共同作業になるものがあります。私は、彼らのアニミズムを政治的声明に翻訳する作業を手伝っています。これは新しいからこそ非常に面白く、魅力的な仕事です。私は、教えながら、ある種の翻訳を彼らが行うことを手伝っています。このことは、その場所で起こっていることを描写する機会を与えてくれるだけではなく、描写することが物事に対する考え方といかに関係しているかを教えてくれます。こうして、彼らがそうしたことを行うのを手伝ってきましたし、ともに執筆もしています。そうしていると、彼らの夢やビジョンを見る仕方が重要なものになったために、書くことに対する私たちの考え方が変わりました。言葉に対する感情面での応答が、大切になってきたのです。コミュニティとの共同作業の他にも、芸術家との共同作業もあります。ミュージアムを作ろうとしています。パズルのもうひとつのピースは、弁護士や森の保護に興味のある人たちとのコラボレーションです。なので、アルジャジーラの記事は、活動家であり学者でもあるマヌエラ・ピークとのコラボレーションから生まれたものです。彼女と私は、法廷で争われることになった原油流出事故の証人の友人です。そのため、それに関する記事を書いたのです。

＊9　Kohn, Eduardo and Manuela Picq　2020　“An oil spill in the time of coronavirus.” *Al Jazeera English.*（https://www.aljazeera.com/opinions/2020/7/14/an-oil-spill-in-the-time-of-coronavirus　最終アクセス日：二〇二一年五月二八日）

近藤：先住民のコミュニティと書いた文章は公開されたのでしょうか。

コーン：はい。なかでも特に面白いのが最初の一本で、それが理由でこのような仕事をするようになりました。サラヤクのコミュニティが執筆し、完成させました。[*10] 私は書いてはいません。編集作業を手伝い、よりまとまったものにしただけです。文章は、初めからよく練りこまれたものでした。「生きている森」は、ケチュア語でKwak Sachaと呼ばれる、生きている森を意味する概念は既にできあがっていました。私はサラヤクの人々からこの宣言を発表できるように、編集する手伝いをしてほしいと頼まれました。そして、それを各国の首脳の前で発表したのです。多くの人の前で発表を行いました。パリで開催されたCOP21気候サミットで、彼らが発表した宣言です。文章はアニミズムに関するもので、人類学者にとってはそれほど驚くべきものではありません。このようなアニミズムは、アマゾンの先住民の考え方として重要な部分を占めます。しかし、この文書が他と一線を画するのは、彼らが理解しそれに従い生きているアニミズムを取り上げて、「もし、私たちこそが法律を作ることができたら、どうなるだろうか。それによって、法律や財産、主権や権利に対する理解は、どう変わるだろうか」と述べているところにあります。彼らはアニミズムの考えを政治の領域に持ち込み、どうしたら押し戻すことができるのかを示しています。まずこの作業が終わると、他のコミュニティ、サパラがわれわれの活動を聞いて、森との関係についての知と彼らのメッセージを世界に伝えるために、いくつかの法的な活動を行いたいと考えるようになりました。これはとても面白いプロセスです。というのも、森の声を聞くさまざまな方法を見つけながら、そうした文章を書くことになったからです。今までに二本の文書を仕上げ、三本目に取り掛かっています。

世界に耳を傾け、イメージ的な地図制作をせよ

近藤：コーンさんは、ある論文で、「時代が求める倫理的実践の一環として森の考え方を育てていく」という決意を表明していましたね。[*11] 人類学は、現代にどのような倫理的プロセスを提供できるのでしょうか。われわれの今をどう捉えていますか。あるいは、現代における喫緊の課題とは何なのでしょうか。人類学は現代にどのような貢献ができるとお考えですか。

コーン：現代の大きな問題は、気候変動という危機だと思います。皮肉めいて面白いのは、この気候変動は、人間が原因のものだという点です。それは人間のあり方に対する理解を変えてしまいます。実際にこのような影響を与えているのが人類の文化であるならば、それを理解したうえで、人間とは何かを考え直さなければならないのではないでしょうか。また、われわれが生きるこの時代は、地質学的には人間の時代である「人新世」と考えられることもあります。それを考え直す際に、人類学が関わってくるのは、ごく自然なことだと思います。批判としてだけではありません。単に人間は間違ってしまったと言うだけでなく、これから何が可能なのかを提言する立場として。そう、これは創造的なプロジェクトなのです。

近藤：森と同盟を結ぶ新たな方法を考え出す必要があるのですね。

＊10　サラヤクの活動は、オフィシャル・ウェブサイト（sarayaku.org　スペイン語サイト）にもまとめられている。

＊11　Kohn, Eduardo　2014　"Further thoughts on sylvan thinking." *HAU: Journal of Ethnographic Theory* 4(2): 275–288.

コーン：はい、その方法を見つけなければなりません。その解決策が耳を傾けることから生まれるというところが人類学的な問いとしても興味深いのです。それを成し遂げるには、いかになされてきたのかに耳を傾け、習得することが必要になるのです。こうした倫理的アプローチを面白いと思うのは、あることが善いとか悪いとか、あるいは道徳的規範を学ぶための異なる場所が見つけられる、と述べているわけではないからです。その倫理的アプローチは、世界に、答えはあなた自身で見つけられると伝える世界に耳を傾ける方法であり、探している耳の傾け方は生ある世界にあるさまざまなダイナミクスの一部として既に存在しているはずだと言っているのです。ここにもある種の並行性、つまり物事をめぐるわれわれの考え方との間にあるイメージ的な地図制作（imagestic mapping）が、改めて存在するということです。その地図を通して、そのかたちを、世界に事物が到来するプロセスを通して、事物を考えることを学ぶのです。

近藤：今日はインタビューに答えていただきまして、ありがとうございました。エクアドルの人々とコラボレーションした文章を読むのが楽しみです。人類学者だけでなく、気候変動や環境災害の問題を真剣に考えるすべての人にとって、非常に重要なことではないでしょうか。

コーン：今後、もっと一緒に何かができるといいですね。

第六章　想像力を駆使し、可能性の彼方に人類学を連れ出そう

アナンド・パンディアン
山田祥子（聞き手）

アナンド・パンディアン　Anand Pandian
ジョンズ・ホプキンズ大学人類学部教授、学部長。主な著書に *A Possible Anthropology: Methods for Uneasy Times*（2019、日本語訳は亜紀書房より近刊予定）、*Reel World: An Anthropology of Creation*（2015）、*Anthropocene Unseen: A Lexicon*（Cymene Howe と共編、2020）、*Crumpled Paper Boat: Experiments in Ethnographic Writing*（Stuart J. McLean と共編、2017）などがある。

山田 祥子　Shoko Yamada
イェール大学人類学・環境学博士課程所属。専門は環境人類学、都市研究。

環境運動から人類学への道のり

山田祥子（以下、山田）： パンディアンさんはこれまで人類学者として大変幅広く研究されてきていますが、そのなかでも根底にあるひとつのテーマとして「人間の創造性」、つまり、農民や映画作家、また文化人類学者に至るまで、この世界を人がいかに即興的に、常に新しい可能性を創り出しながら生きていくかという問題に通じるように感じます。ですが以前、別の場で[*1]、ご自身は大学院に進まれるまで人類学者になるつもりはなく、それ以前は環境関連のアクティビストとして活動されていたともお話しされていました。環境に関わるお仕事をされるなかで、なぜ人類学、また特に人間の創造性に関する問いに惹かれるようになったのか、お話しいただけますか。

アナンド・パンディアン（以下、パンディアン）： 私はロサンゼルスのコンクリートジャングルのなかで育ったのですが、高校生の時から環境問題に興味を持ち、環境保護主義者として自分を見るようになっていきました。これは

＊1　Duke University Press　2020　"A Book Talk with Anand Pandian for A Possible Anthropology." (https://www.youtube.com/watch?v=wOBrk0Kg7YI　最終アクセス日：二〇二一年五月二八日)

大学に入っても続き、アマースト大学での学部生時代には「ポリティカル・エコロジー」という学際専攻を自分で組み立てて学びました。ポリティカル・エコロジー（政治生態学）という分野が実際に存在することは、当時は全く知らなかったわけですが、私としては環境政治に関心があったわけです。時代は一九九〇年代、地球サミットが話題で、政治においても環境が重要な位置を占めるようになったかに見えました。私自身、当時のこうした政治情勢から、読むもの、余暇の過ごし方、参加するコミュニティー活動や社会運動など、さまざまな側面で影響を受けました。またそのなかで、環境問題は、集団行動はもちろん、ともすれば社会的変革をも伴う政治的問題である、という感覚が養われたのだと思います。

このような興味関心から、大学卒業後数年間は、いろいろな環境団体や開発団体で仕事をしました。一九九六年に大学院に戻った時に入ったのは、カリフォルニア大学バークレー校の環境科学・政策・マネジメントの学際プログラムでした。出願は南インドの地方の小さな村から行いました。当時は地元のNGOで環境開発のプロジェクトに関わっていて、博士号を取得したらまた環境・開発関係の仕事に携わりたいと思っていました。そこで履修した授業、学んだ教授陣は素晴らしく、ナンシー・ペルーソ、マイケル・ワッツといった本物の政治生態学の第一人者らに出会う機会にも恵まれました。ですが、それ以前もある程度は感じていたことかもしれませんが、その時に考えさせられたことがありました。それは社会的・応用的アプローチ両方を含め、環境関連の研究全般は、人間の本質に関するある大前提に基づいたものである、ということでした。つまり、人間とは根本的に問題のある存在で、やるべきことをやるように人を説得するのは容易ではない、という考え方です。その結果、環境に関する専門知識を持つ者は何がなされるべきかを必然的により良く理解しているということになっていて、そこで問われるのは、その他大勢をいかにやる気にさせるかということでした。

ですが、これは問題のある考え方で、未だに西洋および世界各地における環境分野で広く見られる人種・階級

南インド、西ガーツ山脈周辺地域にて（以下同）。Photo by Anand Pandian.

差別主義をよく表しています。私がこのような考え方に疑問を持つようになったのは、ひとつには当時読んでいたものを通してのことです。加えて、私自身が南インドの山村の人々と仕事をし、知るようになっていった経験も大きく影響しました。自分たち自身のことや、西ガーツ山脈の森林保護区の端のあの場所に対する考え方、その土地や風景、またその地を労って大切に扱うとはどのようなことかについて、彼らは根本的に異なる解釈を持っていたのです。

例えば、私が滞在していたオフィスは山腹地帯の中央に位置していましたが、その地域は政府からは「荒地」とみなされ、荒廃して価値のない、然るべき管理のなされていない場所とされていました。ですが、そこに暮らす人々は、その低木だらけの土地のなかで数十種もの薬草を見分けることができていました。その一帯を管理する政府当局の役人が殆ど気づいていないだけで、材木にせよ、家畜にせよ、彼らは明らかに日常的な習慣や実践を行っていたのです。こうして環境マネジメントの分野で力を持っていた言説や組織に対してだんだんと違和感を持つようになり、私は人類学へと駆り立てられたのだと思います。人は習慣として悪いことをしてしまうものである、だからそれをどう直すべきか考えるのが私たちの仕事である、という前提に立つのではなく、人がどうして特定の行動を取るのかをもっときちんと理解したかったのです。習慣的行動はどのように形成されるのか。有害な事態が生じる原因には何があるのか。個人の行動と政治、経済、社会、文化、歴史といった構造的要因にはどのような関係性があり、それはどのような結果を生むのか。一度立ち止まって問うべきは、こういった問いではないだろうか。このような問題意識に駆られて、私は政治生態学、ひいては人類学へと踏み込んでいくことになりました。バークレーの人類学部が私を転入学生を受け入れてくれたこと、またドナルド・ムーアが私の指導を快く引き受けてくれたことには感謝しています。ローレンス・コーヘン、ステファニア・パンドルフォ、ポール・ラビノーなどからも非常に多くを学ぶことになりました。

経験の手法——環境主義としてのエスノグラフィー

山田：そのトップダウン型の管理と、移りゆくなかで形成される習慣的実践との対照は、ご著作にも色濃く現れているように感じます。最新の単著 *A Possible Anthropology*（『ある可能な人類学』[*2]）では、人類学の研究手法が持つ可能性について書かれていますが、手法について丁寧に考えることがなぜ今重要なのかに関してお伺いできればと思います。この本は、この「手元の世界」のなかのシワにこそ既に可能性や開放性が内在しているとの考えに基づく一方、現在進行形のさまざまな問題にも触れられています。[*3] 例えば本書は学者のゾイ・トッドとの会話からはじまりますが、彼女は人類学で今なお続く人種差別・植民地主義のレガシーを踏まえ、人類学をいっそ辞めてしまうべきかどうかの苦悩を語っていて、この緊張関係をよく捉えています。こうしたなかで、世界の可能性と実際性、その両面を考慮する手法の重要性についてお聞かせいただけますか。

パンディアン：今が困難の時であることに疑いはありません。環境に関してもそうですし、人種や健康、社会のなかで必要なケアを誰が受けることができるのかという根本的な問題、そのすべてにおいてそうです。また、コロンブスやセシル・ローズなど植民地主義を象徴する人物らの銅像がようやく撤去されてきていますが、ここアメリカや世界各地で人々が格闘している問題の多くは、現在に至るまで続いている植民地主義や帝国主義のレガシーに深く関わっています。[*4] 私たち人類学者はこれらの状況を直視すべきです。われわれの分野を可能にした条件そのものに対して、広く世の中（もしくは「社会」）としての反省がなされているのですから。

ここまでのことをすべて言ったうえで、同時にまた主張すべきだと思うのは、何かに問題があるということは、同時に他のやり方で物事を行うのが可能であると示唆していることです。物事には他のやり方があり得るのだという発想は、現状の問題点や困難を指摘する批判において必然的に伴う考え方です。一方がなく他方だけが存在することはあり得ません。アメリカでここ何週間か精力的に声を発しているアフリカ系アメリカ人の文化人のなかには、社会正義に向けた闘争において、ビジョンある想像力が果たす役割について論じている方々がいます。例えば、先週ワリダ・イマリシャが素晴らしい講演をしていたのですが、[*5] そのなかで彼女は、すべての社会運動は

＊2　Pandian, Anand　2019　*A Possible Anthropology: Methods for Uneasy Times*. Duke University Press.（日本語訳は、亜紀書房より近刊予定）

＊3　Pandian, *A Possible Anthropology*, p.3.

＊4　本インタビューは、二〇二〇年六月一八日に実施した。当日は、Black Lives Matter 運動や、その他米国・世界各地で関連する人種差別反対運動の再燃から僅か数週間目にあたった。

＊5　alliedmedia　2020　"Better Futures: Visioning in a Time of Crisis with Walidah Imarisha."（https://www.youtube.com/watch?v=S5vG7ZvoX_g　最終アクセス日：二〇二一年五月二八日）

思弁小説（スペキュレイティブ・フィクション）であると主張していました。これは彼女が*Octavia's Brood*[*6]という本の冒頭でも提示しているポイントですが、社会正義のための運動は、既存している以外の他の可能性に関する思弁的な想像力なしにはあり得ません。社会の編成の仕方、政治のあり方、私たちの互いの間の関係性について、根本的に異なる別のあり方を想像することが必要なのです。

そうだとすれば、この点について人類学は何か貢献できるのでしょうか。偶然にも、人類学という学問は、経験的現実に対して横断的な関わり方をとりながら発展してきた経緯があります。実際の現実と実現されていない可能性との間の関係性に波長を合わせながら、現実の世界を他のやり方で生きる可能性を、人類学は常に模索してきました。経験主義的探究に対するこうした先鋭的精神が、人類学をその黎明期から駆り立ててきたのです。もちろん、このようなコミットメントがあるからといって、人類学が潔白であるということではありません。略奪的暴力や搾取への協力者に成り果てた人類学者を、自動的に救済してくれるわけでもありません。しかし、この人類学の精神は、世界の問題とよりオープンなかたちで向き合っていくにあたっての道具を提供してくれます。『ある可能な人類学』のなかの章のひとつは、まさにこの点を示そうとしたものです。この章では、植民地時代の人種差別を体現していたブロニスラウ・マリノフスキと、二〇世紀初頭の世界の厳しい人種ヒエラルキーに人生を翻弄され続けたゾラ・ニール・ハーストン、この二人の間を行き来しながら思索しようと試みています。そうすることで、ともすれば自明に思えることを他の方法で検討するという重要な課題に取り組むにあたり、助けとなるある手法が見えてくると論じたものです。このために私たちは、魔術、神話、メタファーといったものの変革的な力に対して、自らを開放する必要があります。

山田：マリノフスキとハーストンは、一見互いに全く異なるようにも見えますが、エスノグラフィー（民族誌）という実践を共有していました。あなたは本のなかで、エスノグラフィーこそがこの世界の可能性とアクチュアリティの狭間に向き合う手法を与えてくれる、と論じていますが、この試みにあたっての実際の条件についてお伺いできればと思います。エスノグラフィーのこのような可能性を成就させるには何が必要となるのでしょうか。また、そこにはどのような感性や倫理が求められるとお考えですか。

パンディアン：人類学、なかでも手法としてのエスノグラフィーは、いかなる環境人文学のプロジェクトにおいても、大きく貢献しうると考えています。ここまでお話ししてきた経験的現実との横断的関係においては、従来とは異なる類の世界への順応の仕方や、既存の手元の世界のなかからより広範に問題意識を見出すことが、究極的には必要となります。この点において、研究手法としてのエスノグラフィーを通して他者の世界に没入することは、実はある種の環境的方法論でもあります。エスノグラフィー自体、ある変わった類の環境主義であるとすら言えます。というのは、この世界を丁寧に気配りを持って生きるための知恵は、その時々の状況の困難さや移ろいやすさへのある種の服従からこそ生まれるものだという可能性を、真剣に捉える環境主義です。この世で出会いうる物事の幅広い可能性に対するオープンな寛容さ、これを育むことが私たち人類学者には求められます。未知の環境に対して、支配欲が頓挫した時の失望感ではなく、関わり合いの精神で応じる力を養う必要があるのです。私が博士論文のためのフィールドワークで南インドの別の地方の山村部に行った時、人の心を「サル」に喩えるのをよく耳にしました。予測不可能な直観や欲望は抑制されなければいけない、でないと人が人として崩壊してしまうかもしれない、という考え方です。でも、フィールドワーク自体は私に違った教訓を与えてくれていました。エスノグラファー（民族誌家）として私は、自分自身の心をより広く自由に放浪させることを学んでいったのです。

＊6 Imarisha, Walidah and Adrienne Maree Brown (eds.) 2015 *Octavia's Brood: Science Fiction Stories from Social Justice Movements*. AK Press.

『ある可能な人類学』のなかで私は、このように現在を放浪する感性を「経験の手法」と呼んでいます。これはつまり、想定外の事態やそこから生まれる困難に対峙する開放性と感応性を養い、予測しなかった状況とともに生きることを学ぶ方法を指します。これは究極的には、この世界の不確実性そのものに知識や倫理の礎を見出すことでもあります。エスノグラフィーというのは、ある種の野性に対する実践的かつ経験的なコミットメントや、物事が思いどおりに進むことに対する拒絶なしには成立し得ません。ゆえに私は「人類学的遭遇」において鍵を握るある種の感受性は、環境政治や環境倫理について私たちに多くのことを教えてくれると考えています。

他者に対する共感が人類学的問いの原動力となる

山田：だとすれば、今後、支配や進歩に対する執着とは異なるかたちの環境主義を想像するにあたって、人類学的感受性がひとつ助けになってくれるのかもしれません。本のなかであなたは、人類学というプロジェクトが向かうべきひとつの地平、また鍵となる媒体として、人間性について論じられていますが、以前のお仕事では、文章や映画など他の種類の媒体についても考察されています。特に、*Reel World*（『リール・ワールド』[*7]）では、思考媒体としての映画を、直観で考え動くことへのある種の招待として捉えていらっしゃいます。このように媒体というものをさまざまな種類・角度から考えた場合に、人間性をエスノグラフィー的な関係性における媒体として据えることによって、どのような可能性に開かれるのだとお考えですか。先ほどお話しされていた人種差別や植民地主義のレガシーのことを考えると、人間を単一の共同体として捉えるのは難しいようにも思えます。

パンディアン：これは重要な問いですね。ここで強調しておきたいのは、私が「来たるべき人間性」について論じる時、それは単に人間、つまり種としてのホモ・サピエンスを指すのではないということです。人間性とは、自己とは異なる他者に対する共感感覚や同胞意識のことであると私は思っていて、それは状況の良し悪しを問わずすべての人類学的問いを突き動かすものでもあります。学問分野として、私たち人類学者は、他者の経験やその違いに真剣に足を踏み入れた時に何が起こりうるのかについて考えています。すると、この変革的意図に対して私たちが仮にもっと正直になった場合に生まれうる政治的および文化的な可能性に関する問いが湧いてきます。私にとってよい人類学の仕事とは、出会う者の心を揺り動かそうとせずしてはあり得ません。それは本や映画、物語、教室での授業、どのような形式を取る場合もそうです。いかなるかたちにせよ、出会う者を動かそうとすることでその作品が試みるのは、共同体感覚の地平を変えること、つまり運命をともにするかもしれないと想像する相手の範囲の境界線を動かすことです。人類学をやっていると、実際にそのようなことが起こる、もしくは起こり得ます。いつも必ずしも今お話ししたようなことが起きたり機能したりするわけではありません。でも、うまくいく時には、そうやって機能するのだと思います。これは、私自身も人類学者だからだけでなく、エスノグラファーとしても申し上げています。『ある可能な人類学』において、エスノグラファーとして人類学という学問を観察していますが、私はこのように人類学が機能するのを見てきました。この意味で、私たち人類学者が鮮やかで人の心を掴む物語を通じて出会う者の心を動かそうとする時、そこでやろうとしていることは、映画作家やその他文化人がやっていることとそう変わらないのかもしれません。目的や組織的立場、忠誠心の所在や制作内容は全く違うかもしれませんが、彼らの活動もまた、文化生活は介入可能な領域である、という感覚に突き動かされているわけです。

例えば、本のなかで私は、リチャード・ラングとジュディス・セルビー・ラングという二人組のアーティストを紹介しています。彼らは北カリフォルニアの海岸で一〇年以上にわたり集めた海洋プラスチックごみを使ってイン

＊7　Pandian, Anand　2015　*Reel World: An Anthropology of Creation*. Duke University Press.

スタレーション・アートを制作していて、それらはまるで現代世界の考古学的アーカイブのようです。プラスチックには致死性や毒性がある以上、海から流れ着いた破片を使った作品にはある種の恐ろしさがあります。でも彼らアーティストは、この恐ろしさを伝えるには、そのモノへのある種の同情的帰属感を通して見る者をまず惹きつけることが必要だと強調しています。

私たちが人類学の社会的役割についてより率直で、注意深くなれば、われわれ人類学者が展開しようとしている主張が、公の場でも他の文化的制作活動と似たかたちで機能することがわかるようになるかもしれません。そして、それが人々が連帯感を抱く相手の範囲を動かしたいという想いに駆られている以上、そこには大きな政治的、倫理的意義が懸かっています。これが「来たるべき人間性」で私が意味するところです。そこから生まれるのは、次のような問いです。これらの技法を使って私たちは何ができるのか。これまで行われてきたよりももっと面白いことができるだろうか。これまで他の生き方を犠牲に西洋的在り方をこんなにも独善的に持ち上げてきた人種差別的、帝国主義的レガシーに対して、より効果的に立ち向かうことは可能だろうか。われわれ人類学者はこれらのことを既に一定程度はやっていると私は思いますし、それこそが私たちが今暮らしているような社会のなかで人類学が果たすべき役割なのだと考えています。もちろん、私たちは厳密な意味での学問分野として自負することもできます。でも実際には、他者の経験や自己理解を通じて私たちがやっていることというのは、映画作家や他のメディア制作者が実践していることとそう変わらないのかもしれません。私たちがこのことにもっと誠実になり、この分野での研究の型破りな性質に向き合えば、これまで以上にクリエイティブに、もっと面白くそれに取り組むための自由が生まれるのかもしれません。

山田：パンディアンさん自身も、書き物としてのエスノグラフィーや文学人類学の観点からさまざまな実験的試みをされていますが、それらもまた、今おっしゃっていたような、人を動かす人類学の力を力強く証明してくれてい

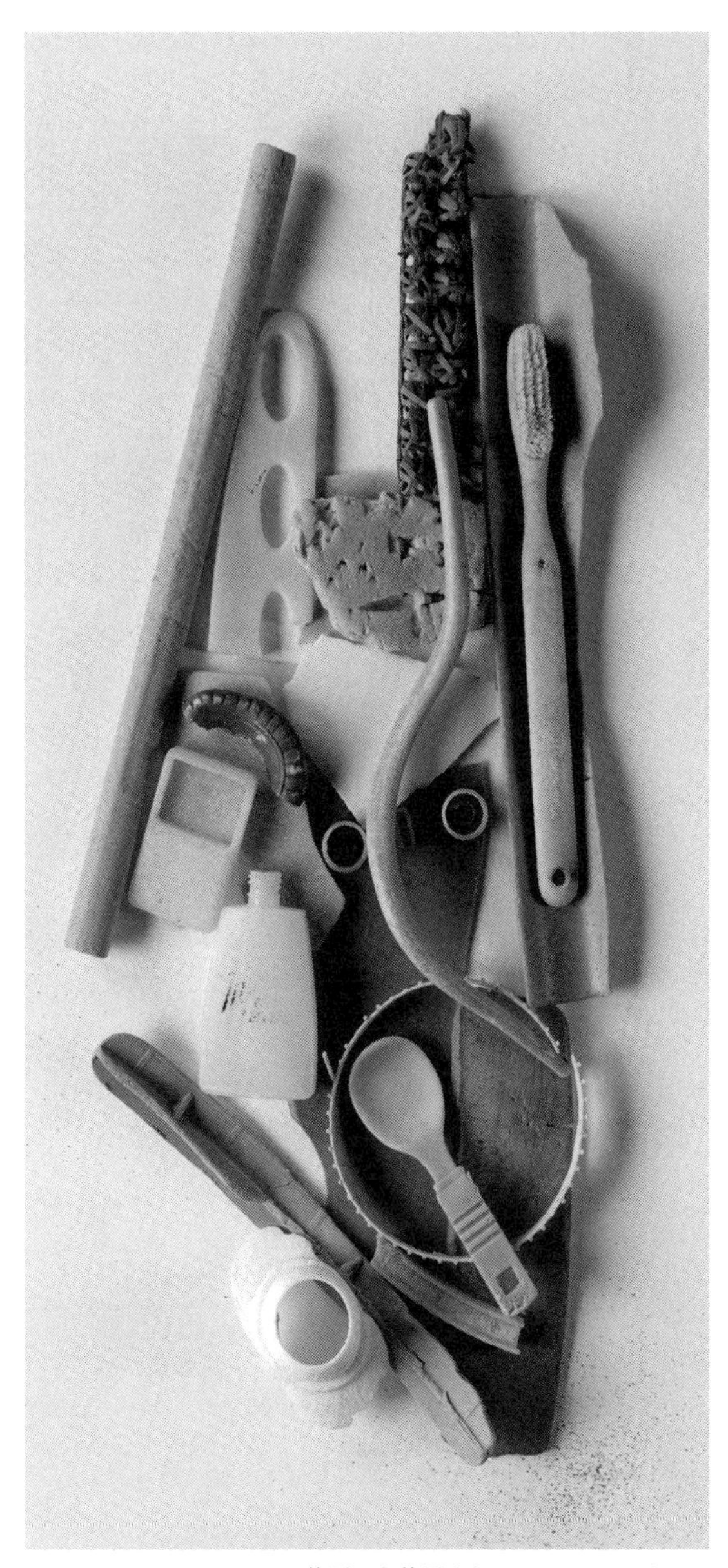

A Possible Anthyropology の装画にも使用された、リチャード・ラング&ジュディス・セルビー・ラング、《Spiff》

るように感じます。[*8] この人を動かす力というのは受け手側にある種の脆さや柔軟さを要求するように思えますが、先ほどのお話では、エスノグラフィー自体、エスノグラファーのオープンさ、つまりやはりある種の脆さを必要とするとおっしゃっていましたね。だとすれば、人類学研究を通じて社会に人間性を育てるという課題は、私たち自身の人間性からはじまるのかもしれません。

パンディアン：そうですね。実際、全くもって冷酷な人類学やエスノグラフィーも数多く存在してきました。今お話ししたことは、人類学がある一貫性や効力を持ってこの倫理的仕事をやり切る能力を必然的に持っていると示唆するわけではありません。ですが、それがこの仕事の根幹をなす暗黙の責務であることには変わりないと思います。だとすれば、私にとって重要になってくるのは、これらの能力をよりよく培い、その野心をより効果的に実現するための条件を作り出すには何が必要なのか、という問題です。おっしゃるとおり、これにはある種の開放性と脆さが必要です。ですからそれには、脆くあっても問題がなく、不安定な立場に陥ったりしない状況の創出が伴わなければいけません。それを可能にするには、さまざまなインフラの整備が必要になってきます。[*9]

イメージの現実喚起力——人間的なるものを超えて

山田：そうですね。先ほど、人間性とは私たち以上の存在への共感感覚であるとおっしゃっていましたが、このように広く寛容に人間性を捉える考え方は、近年のポスト・ヒューマニティーズの研究にもつながる部分があるように感じます。あなた自身もこの分野のご研究に関わってこられていますね。例えば『ある可能な人類学』では、ナターシャ・マイヤーズを訪ねて彼女のトロントの都市ランドスケープの木々とのフィールドワークに参加される場面があり、植物の感覚系を理解しようと絵を描いたり、匂いを嗅いだり、地下の根の部分に頭を突っ込んだりもされています。開拓者植民主義や都市化、環境汚染など、その地域の人間的歴史に留意しながらも、人の感覚体験やその変革的可能性を模索した、とても興味深い実験的試みだと感じました。さらに最近では、新型コロナウイルスの流行当初に世界中でステイ・ホーム命令が出され、ここまで蔓延することになってしまったこのウイルスとともびいかに生きるべきか、という問いを私たちは突きつけられています。そのなかであなたは、「ホーム」という概念に関する論評を出して、地球そのものを人間およびそれを超えるすべての存在のホームとして再考することが何を意味するのか考察されています。[*10] 人間性に関するご自身のお考えと近年のモア・ザン・ヒューマン研究の関係性についてお話しいただけますか。

パンディアン：社会科学および人文学のあらゆる研究分野にとって、今はとても重要な時です。人間は他から孤立して生きているわけではないということを認識させられているわけですから。他者に対する人の行為や希望、欲望は、人間や人間的なもののみでなく、あらゆる類の他の生き物や物質成分から構成された、さらに大きな社会的・物的世界に織り込まれています。それらはわれわれの前から存在していて、今も私たちとともに生きていて、彼らの要求や性向、効力は、われわれが人間としてできることに根本的に影響するものです。ですから、このタイミングというのは、関係性やコンテクストにこれまで以上にしっかりと根ざしたかたちで思考を展開する能力をより

＊8　例えば以下を参照。Pandian, Anand and Stuart McLean (eds.)　2017　*Crumpled Paper Boat: Experiments in Ethnographic Writing*. Duke University Press.

＊9　例えば以下を参照。Platzer, David, and Anne Allison　2018　"Academic Precarity in American Anthropology." *Society for Cultural Anthropology*.（https://culanth.org/fieldsights/academic-precarity-in-american-anthropology　最終アクセス日：二〇二一年五月二八日）

＊10　Pandian, Anand　2020　"Staying at home on planet earth." *The Hindu*.（https://www.thehindu.com/opinion/lead/staying-at-home-on-planet-earth/article31333984.ece　最終アクセス日：二〇二一年五月二八日）

深めていくことが求められているのだと思います。近年とても重要なかたちで発展してきたポスト・ヒューマニティーズの研究の意義のひとつは、そこにあると理解しています。ですが、ここで興味深いのは、人類学の関心対象が抽象としての人間であったことは一度もないということです。人について何かしらの知見を得ようとして人間を場所や状況から単に抽象化しようとした人類学の研究は、これまでひとつもありません。むしろその逆で、経験的状況や生活世界、さまざまな状況のディテールや豊かな肌触りに細かく注意を払わずして、いかなる場所にいる人間のことをも理解することはできない、人類学者は長くそう主張し続けてきました。ある特定の人間環境で起こりうることを十分に検討するということは、その生活世界に生息し、息を吹き込み、突き動かす力となる、他の人間的および生物・非生物を含めた人間以外の要素にまつわる無限の細部に着目することなしに成しえません。ですから、より強固に環境に配慮した方向性が求められている今この時において、それに必要な道具を人類学は長い間保有してきたということを認識するのが重要であると私は考えています。

この点を別にして、どのようなコミットメントのもとに人類学的問いは成立しているのかを問うことはもちろんできます。人類学はある一種類の生き方を理解することに傾倒するあまり、他の生き方を蔑ろにしてきた、それゆえに、われわれがこの世界を共有している他の存在に改めて注視する必要があると、実際にはどの程度言えるのでしょうか。これに関しては、私たちの分野にとって基礎を成し、大きな影響を与えたきた、ヨハン・ゴットフリート・ヘルダーに立ち返って考えてみることができます。彼については本のなかでも第三章で触れています。実に興味深いことに、ヘルダーは一八世紀の時点で既に、人間と非人間の境界を行き来するような非常に面白い人間性に関する思索を展開しています。*Outlines of a Philosophy of the History of Man*[*11] のなかで、彼は次のように書いています。

自然は人間を、諸生物のなかでも他者の運命に最も密接に携わるよう形成してきたここでヘルダーは、単に他の人間のことだけを考えているわけではありません。むしろ、人間と非人間の線を超えたある種の共感的親しみが存在するという事実、さらにはその必要性にまで言及しています。

緑の若木が切り倒されたり破壊されるのを見ていられない人もいる

傷ついたミミズの身悶えするかのような動きを無関心に眺めることなど、心ある人にはできない[*12]

ヘルダーが説いたのは、すべてに対して自らを投じ、感じ取ることでした。他分野の研究者たち同様、人類学を営む私たちも、人間社会を共有している非人間の他者に対して一層着目しようとしています。そのなかにあって、このようにより状況に根差したかたちで物事を理解することに誘いかける開放性は、とても大切な道標を提供し続けてくれるのではないか、と私は考えています。

山田：もし人類学が、特定の状況下の人間を理解しようと常に試みてきたのであれば、明確に「環境」に関わる研究を行う際には、それが一体何を指すのか今一度考えてみる必要もありそうですね。「環境」という概念は、人が暮らすコンテクストに関するある特殊な想定に基づいていることが多く、それは、何が注目に値し保全されるべき環境にあたるのか、という問題も孕んでいます。対して人類学では、膨大な範囲のものを人の生活世界の一部とし

＊11　Johann Gottfried Herder　2016　*Outlines of a Philosophy of the History of Man*. CreateSpace Independent Publishing Platform.
＊12　Pandian, *A Possible Anthropology*, p.82 でも引用されている。

て捉えようとしてきたわけですね。

パンディアン：まさにそのとおりだと思います。私たちは環境を人間的であり非人間的であると同時に、社会的であり物質的でもあるものとして語る方法を見つけていく必要があります。それはまた、環境を人間の努力によってのみ生み出されるのではなく、人間の意図を超えた他の多くの存在や要素によって棲まわれ構成されたひとつの境遇として考えることでもあります。西洋の自然・文化の二元論の存在論的特殊性を単に反復するのではない、より強固な環境概念を私たちが展開しようとするならば、より幅広い枠組みで考えていくことが求められます。この点に関しても、人類学の歴史はまた違ったやり方でそこに焦点を当てるためのひとつの方向性を示してくれると思います。

山田：自然・文化二元論の再考に関しては、エドゥアルド・コーンの著作『森は考える——人間的なるものを超えた人類学』[*13]に関連してお伺いできればと思っています。コーンはパースの理論的枠組みのなかのイメージ、つまりイコン（類像記号）に着目して、人間独自の現象と考えられてきた言語を地域化することを試みています。一方、パンディアンさん自身の特に映画に関するご著作のなかでは、「言語だけでなく生命をも地域化する」可能性について言及されていて、例えば映画作家たちと物質的環境と制作過程における情動的遭遇が、映画に組み込まれていくプロセスについて考察されています。[*14][*15]ここで言われているイメージの役割について、人間および人間以上の観点から改めてお話しいただけますか。

パンディアン：長い間私が大きな影響を受けてきた文章に、フリードリヒ・ニーチェによるエッセイ『善悪の彼岸』[*16]があります。そのなかでニーチェは、この世界にまつわる知識に関するあらゆる主張は、常に必然的に比喩的であると述べています。私たちが抽象的真実や主張として当たり前に思っていることは、そのメタファー性を忘却されたメタファーに過ぎないというのです。他の多くの思想家同様、ニーチェにとって、思考するということ、理解するということは、必ず情動的で、根本的に感覚的かつ身体的、そして経験的なものでした。つまり、考えることと感じること、思考と身体を不可分なものとする発想です。それは思考に対して、その身体的・感覚的生活へのインパクトの観点から向き合う方法でもあります。イメージと一言で言っても、メタファーと呼ばれる言語的イメージ、写真や映画といった視覚的イメージ、また音のイメージや匂いのイメージなどさまざまな種類のものを考えることができます。これらに一貫して私がイメージに惹かれるのは、それが思考の物質的基質として働くからです。イメージの力は、その伝達先であり媒体でもある身体から切り離せないものなのです。映画や映画制作の世界では、これらの問題について多くの大変興味深い思索がなされてきました。

例えば、ロシアの映画監督であるジガ・ヴェルトフは、キノグラース（映画眼）という概念を提唱しました。ドゥルーズも『シネマ』[*17]で、モノの目、つまり、世界の外部に立つのではなく、世界そのものに内在したある種の見る能力として触れています。また、フランスの映画批評家であるジャン・エプシュタインは、***The Intelligence of a Machine*** のなかで、「映写機は普遍的変質の力を有する」と述べています。[*18] インドや世界各地の文学・哲学的伝統のなかにも、イメージと想像力の関係性についてとても面白い考え方があります。デビッド・シュルマンが ***More than Real***[*19] という素晴らしい本のなかで示しているように、一六世紀の南インドの文学作品では、想像は単に精神

＊13　コーン、エドゥアルド　2016『森は考える――人間的なるものを超えた人類学』奥野克巳・近藤宏監訳、近藤祉秋・二文字屋脩共訳、亜紀書房。

＊14　Pandian, Anand　2014　“Thinking like a mountain.” *HAU: Journal of Ethnographic Theory* 4(2) : 250.

＊15　以下を参照。Pandian, Anand　2011　“Landscapes of Expression: Affective Encounters in South Indian Cinema.” *Cinema Journal* 51 (1): 50-74; Pandian, *Reel World*.

＊16　ニーチェ、フリードリッヒ　2009『善悪の彼岸』中山元訳、光文社古典新訳文庫。

＊17　ドゥルーズ、ジル　2008『シネマ1＊運動イメージ』財津理・齋藤範共訳、法政大学出版局。

上の作り話ではなく、現世的かつ極めて生成的な力として捉えられていました。想像はイメージを通して現実の豊かさや強烈さを増幅させるというのです。ここでこういったお話をして、環境人文学の観点からイメージを軽視できないと考えているのには理由があります。イメージは、思考の基質でありながら還元不可能なレベルで物質的であるがゆえに、物事の外部に立って遠くから理解するという幻想を見限る必要性を、私たちに突きつけてきます。現代の環境危機や、それに対してわれわれが向き合えない今の状況には、デカルト的心身二元論が大きく関わっていると考えられます。そうだとすれば、その二元論を拒絶して他の枠組みで思考するにあたって私たちが持っている最良のツールは、思考は世界から距離を保った場所で起こるのではなく、世界そのものに属するものだと主張する類のものであるということになります。

コーンは『森は考える』のなかで、人間による社会・文化的構築を超えたところで意味というものを考えるひとつの方法を提示してくれました。概念による支配という近代的自惚れを再考していくにあたり、イメージはひとつの大きな道筋を示すものであると私は考えています。イメージは、知覚とモノの関係性を再想像する方向に後押ししてくれるからです。

チャネリングとしての人類学

山田：パンディアンさんの著作でも触れられていますが、今おっしゃったことは、人類学のなかで維持されてきた、調査するための「フィールド」、戻って論考を行うための「ホーム」という区別に対しても、興味深い別の可能性を示してくれるのかもしれません。[*20] 思考が物質的な基盤と不可分なのであれば、フィールドから戻ってはじまると考えられていた人類学的思考は、実はフィールドでこそ起こるということになります。

パンディアン：私自身、人類学の役割はチャネルやメディアであると考えるようになりました。他の誰も見たことがないことや考えもしなかったことを私が見たり発明したりするわけではありません。人類学者として私は、ある知見の独立的・主権的根源でも、知覚の中心でもありません。私が扱うイメージは私自身から来るわけではないのです。伝達チャネル、コミュニケーションメディアとして、私はイメージが通過するひとつの場所に過ぎません。このような考え方には、ある種の環境倫理が懸かっているようにも思います。私が理解しようとするのは、私なしには無意味な世界ではありません。私にできる精一杯は、私以前から存在している他の生き方を、目に見えて飲み込みやすいかたちにすることで、願わくば私自身を超えたところで生き続ける何かを作ることだけなのだと思います。

山田：もし人類学者がチャネラーなのだとしたら、その伝達の過程で私たちがする仕事というのはどのようなものなのでしょうか。

パンディアン：誤解を恐れずに言うと、最良の仕事においてさえ、それは単に研ぎ澄ます作業に過ぎないのだと思います。より鮮明かつ人の心を捉えるかたちで物事に焦点を当てる作業ですね。プラグマティズムを唱えた哲学者のジョン・デューイは『経験としての芸術』[*21]という本のなかで、一般的な「経験（experience）」と「ひとつの経験（an experience）」を区別し、前者と違って後者には質的統合性があると述べています。芸術作品は往々にして、こ

＊18　Epstein, Jean　2014　*The Intelligence of a Machine* (trans.) Christophe Wall-romana. Univocal Publishing. 以下で引用されている。Pandian, Anand　2018　"Becoming Here." *Society for Cultural Anthropology.* (https://culanth.org/fieldsights/becoming-here　最終アクセス日：二〇二一年五月二八日)

＊19　Shulman, David　2012　*More than Real: A History of the Imagination in South India.* Harvard University Press: Cambridge.

＊20　以下を参照。Pandian, *A Possible Anthropology,* p.74.

のように感覚を集中・調整するはたらきをしてくれます。フィールドでの体験を伝える時に私たちが行う作業というのは、このようにしてある経験を研ぎ澄まし、焦点を当て、質的統合性を可能にする作業だと私は考えています。これは実はフィールドワーク以外にも、読むこと、書くこと、教えることを含めて人類学者の仕事のあらゆる側面に言えることとです。学生指導を例に取れば、人類学における効果的な教授法というのは、われわれ教える側が教材に対して絶対的権威を主張することでは実現しません。むしろ、教室のなかで創発されるアイディアや驚きに常にアンテナを張り、それに向き合うことでより理解しやすいかたちに咀嚼し、そうした出会いがわれわれの集合体としての思考や存在の質感そのものを変容してくれるような絶え間ないプロセスにこそ、本質があると思います。このように、変革的な出会いを育み、研ぎ澄ます方法こそが、人類学の持つ「経験の方法」だと考えています。

人新世はうまくまとめられすぎていないだろうか、と人類学者は考える

山田：少し話題は変わりますが、次は人新世についてお伺いできればと思います。これについては、つい最近、シムニー・ホウとの共編で *Anthropocene Unseen: A Lexicon*（『まだ見ぬ人新世――用語集』[*22]）を出されています。この論集は用語集という少し変わったかたちを取っていて、各章がある概念に関するわずか数頁の短いエッセイになっています。このかたちに辿り着かれた経緯についてお話しいただけますか。人新世に関する本であるという点も影響したのでしょうか。

パンディアン：このかたちは、もしかしたらどのようなものもそうなのかもしれませんが、常に発展途上でした。当初はこのような本を作る意図はありませんでした。もともとのはじまりは、二〇一五年のデンバーでのアメリカ人類学会大会でのパネルです。ラウンドテーブルとして実施する予定だったのですが、何人か急に来れなくなった

人が出てしまい、パネルをそのままやるか中止にするべきか迷いました。結局行き当たりばったりではありましたが、直前になって大会に来ていた面識のある人たちに短い文章を提供してもらうようお願いしたら、興味を持っていただいて、参加に同意してくださいました。最終的には、ラウンドテーブルの予定だったものが、一〇から一五程度のキーワードに関する短いプレゼンとなり、とても面白いものになりました。すると、聴衆のなかにいたゾイ・トッドが立ち上がり、即興で別のトピックに関するスピーチをはじめて、それ自体がまた別の見出し語のように感じられました。その後パネルをアメリカ文化人類学会のウェブサイト上でシリーズ化することになったのは、そこから着想を得たところが大きいと思います。サイトでは彼女の論考も入れました。[*23] ですが、最初に一五程度のエントリーが出揃ったところで、他には何があるだろうと疑問が湧いてきたわけです。プロジェクトはそこから大きくなっていき、最終的にはサイト上で五〇程度、論集では八五ぐらいの見出語があったかと思います。

なぜ用語集か。このプロジェクトを突き動かすものは、これまでお話ししてきたことと関係しています。このプロジェクトを「まだ見ぬ人新世」と名付けたのは、人新世という概念があまりに一般論的で、物事を丸く収めようとしすぎているのではないかという懸念を、他の人類学者や社会科学者同様、シムニーと私が抱いていたからです。現在、人新世と呼ばれるようになった現在の地質学的状況を作り出すにあたって、ヨーロッパやアメリカ以外に暮らす多くの人々が果たした役割は遥かに小さいわけです。その生活や経験からしてみると、人新世というのは不公

＊21　デューイ、ジョン　2010『経験としての芸術』栗田修訳、晃洋書房。
＊22　Howe, Cymene, and Anand Pandian (eds.)　2020　*Anthropocene Unseen: A Lexicon*. punctum books.
＊23　Howe, Cymene and Anand Pandian　2016　"Lexicon for an Anthropocene Yet Unseen." *Society for Cultural Anthropology*. (https://culanth.org/fieldsights/series/lexicon-for-an-anthropocene-yet-unseen　最終アクセス日：二〇二一年五月二八日)

正で不当な一般化だと言えます。実際、この惑星で生きるにあたっての彼らの営みは、人間による人新世的支配がそもそも何を意味しうるのかを想像するにあたり、全く異なる可能性を示してくれるかもしれないのです。ですから、このプロジェクトでは、オルタナティブな可能性や、今この時代およびその全体性を理解する他の方法を記録してきました。各章がそれぞれにこの時代を概念化する別な方法を提示することで、ともすれば不可避に見えるこの状況を、根本的に異なる方法で理解することが可能になることを示したかったのです。そのためには、特定の用語に着目して、それがある特定の状況でどのように使われてきたのかという観点から考えることが必要でした。その着眼点は経験的なものから歴史的、社会的、芸術的なものまでさまざまです。結果として、この論集は仮定の集まりとなりました。こう見たらどうなるだろう。ああ見たらどうなるだろう。その目的は、ある特定のひとつの観点から見なければならないと主張することではなく、多くの異なる観点から見る方法を学ばなければならないということです。用語集という形式を取った最大のモチベーションは、今のこの状況は同時にさまざまな角度から検討されなければならないという発想に対する、シンプルなコミットメントにあります。用語集というかたちは、それを達成するためのひとつのやり方を与えてくれると思います。

山田：たしかに、論集の序章では、「緊張を孕んだこの瞬間の意味を成すには、どのような見るべき何かがそこにあるのかというシンプルな問いからはじまる」と書かれています。[*24] そこでも指摘されているとおり、人新世概念の全体的な性質はある種の無力感を生みかねませんが、一歩引いて周りを見てみるというのは、物事が他にどうあり得るのかを想像しはじめるにあたってひとつ大きな助けになるのかもしれません。人新世概念が批判を受けてきたのは、現在だけでなくそこに至るまでの歴史上の「人類（anthropos）」のなかの違いを無視してきたこともあります。この概念自体、新たな地質時代を提唱することで過去からのある種の決裂を示唆しますが、終末論的危機感というのは歴史的に周縁化されたコミュニティからしてみれば今にはじまった話ではないわけですよね。[*25] [*26] 論集のなかで書かれているように現在の複数性を探るにあたり、このような不均一な歴史的経験をどのように考えればよいのでしょうか。

パンディアン：現在というのは、「現前化」なしにはあり得ません。今この瞬間という感覚は、解釈や枠組みによってある特定のものに存在感を与え、他を不在とみなす行為によって成立しています。この点において、人新世というのは、ある種のメタ物語であると言えます。リオタールが『ポストモダンの条件』[*27]のなかで、近代のメタ物語について論じている意味においてです。いかなるメタ物語でもそうであるように、これにはある一貫性や現実味を与えるための現在化が必要です。ここで、この論集が二人の人類学の研究者によって編集されたということが重要な意味を持つと思います。本のなかには人類学者に限らず、アーティストや人文学者など、さまざまな分野からの論説が収録されています。ですが、編者が人類学者二人であったことで、メタ物語における存在感や不在感に関するこれらの問いを、論集の中心に据えることができたのだと思います。何に存在感を与え、何を不在のままにしておくのか。存在感を持つものは、どんな犠牲のもとに成り立っているのか。異なる場所や物語、視点に存在感を与えることとは、何を意味しうるのか。他のものに存在感を与えることで、われわれの抱く現在に対する意識にどんな変化が起こるのか。こういった類の問いが、論集の制作にあたり大きな役割を果たしました。そこで主張した

*24 Howe and Pandian（eds.）*Anthropocene Unseen*, p.17.
*25 Davis, Heather and Zoe Todd 2017 "On the Importance of a Date, or Decolonizing the Anthropocene." *ACME: An International Journal for Critical Geographies* 16(4): 761-780.
*26 Whyte, Kyle 2017 "Indigenous Climate Change Studies: Indigenizing Futures, Decolonizing the Anthropocene." *English Language Notes* 55 (1)-(2): 153-162.
*27 リオタール、フランソワ 1989『ポストモダンの条件――知・社会・言語ゲーム』小林康夫訳、水声社。

かったことはシンプルで、地球環境に対する現状での人間の影響力を前に、他の考え方や向き合い方により大きな存在感や鋭い焦点を当てることで、そうもしなければ考えもしないかもしれない重要な介入や潜在的変革の可能性を私たちは手にすることができるかもしれない、というものです。究極的には、現在というのは時間的カテゴリではなく、時間と空間の連鎖による時空間（クロノトポス）であるという点を強調しておきたいと思います。今この状況の時間的論理というのは自明に感じられるかもしれませんが、それを問い直して活性化していく必要がありま す。存在感に関する問いを立てることは、それにあたって大きな可能性を持っていると考えています。

山田：現在はある種の時空間であるという点に関して、あなたの著作を拝読するなかでとても印象的なことのひとつに、現在の社会を考えるうえで歴史を複数のかたちで織り込まれていることがあります。例えば、先ほどもお話に挙がったとおり、『ある可能な人類学』の一章では、マリノフスキとハーストンを並べることで、人類学における経験主義と思弁の実践という現代的問いについて考察されています。また、最初の単著である *Crooked Stalks*（『曲がった茎』[*28]）では、南インドのカラール（Kallar）カーストのコミュニティが、植民地化以前、植民地時代、独立後それぞれの過去から受け継がれた複数の断片的要素のなかに道徳的支えを見出していく様子が描かれています。一方、人新世は将来や加速に対する衝動にひとつの特徴があると言われています。いわゆる人新世がいつはじまったのかについてはいろいろと議論がありますが、グレート・アクセラレーションと呼ばれる時代にひとつの答えを見出す研究者も少なくありません。もし現在がひとつの時空間であるとすれば、歴史を掘り出して語り直す作業というのが、人新世に関連する「加速」と向き合う方法を与えてくれる可能性はあるのでしょうか。

パンディアン：「加速」というのは、私が訪れたことのある世界中のあらゆる場所においてひとつの事実ではあります。南インドの遠く離れた山村部においても、二五年ほど前に私がフィールドワークをはじめた時に比べて、物事が動く速度は遥かに増しています。モーターバイクや携帯電話を持つ人も多くなりました。こういった情報伝

Photo by Anand Pandian.

達の即時性や動きの速さは、私がこれらの場所で最初に時間を過ごしはじめた時には想像もできなかったことです。ですが同時に、加速に向き合い、グレート・アクセラレーションといった概念について考える際には、一体何が加速したりそんなに速く動いたりしているかを問わなければならないと思います。最も単純なレベルで、私がその最初の本で言いたかったことは、インドのような場所において、近代というのは私たちが思う以上に複雑なものであるということです。現在の生活というのは植民地時代および独立後を通じて行われてきた特定の近代的なかたちの開発主義や介入の遺物でしかありえないと考えられがちです。それは当然そうですし、重要な指摘です。ですが、現在の状況に批判的に関わるための道具として人々がともに生き、向き合い、頼みにしているもののなかには、もっといろいろなものが含まれています。私たちは、今動いているものが何にせよ、それがひとつの場所だけから来ているわけではないことを忘れてはならないと思います。今、出回っているものは、ある特定の起源だけから派生してきたわけではなく、あらゆる種類の生き方や想像力、あるいは人間・非人間を含めた他者と共存する方法が、いろいろと混ざっているわけです。こういったさまざまな文化的遺物は、生きていくうえで大きな助けになってくれるものです。

人類学に課されたひとつの重要な任務に、失われつつあるものを回復すること、さらに言うならば、救済すること（サルベージ）があります。サルベージ人類学の考えが厄介なものになり得ることは理解しています。それは北米の帝国主義的征服から生まれた発想でもあります。しかし、われわれ人類学者のしていることというのは未だに往々にして、過ぎ去ったものとされる要素や物語、ものの見方や生き方を回復したうえで、それらが今に至るまで持続してきた可能性を主張することであると思います。そのなかで、そういったものに居場所を作ったり、それらを置き去りにしたかに見える世界にあってそれらがどんな未来を持ちうるのかを想像したりすらするわけです。先日、『まだ見ぬ人新世』にも参加しているイザ・カヴェジヤの編集による一〇の短編シリーズに寄稿する機会があ

Photo by Anand Pandian.

りました。シリーズはアメリカ文化人類学会のウェブサイト[29]に掲載されているのですが、ボッカチオの『デカメロン』[30]の現代版で、いわばパンデミックにおける一〇の物語集です。私が書いたのは小さな思弁小説（スペキュレイティブ・フィクション）で、遠い未来のインドの山村部を想像しようと試みたものです。書きながら実際に考えていたのは、フィールドワーク中に深く知り合うことができた人たちのことです。彼らを消えゆく過去にしがみつく存在として捉えるのではなく、彼らのしていることや考えていることを、今はまだなき未来の社会の礎として想像してみたらどうだろう。そんなことを考えながら実験したみたんです。人類学において現在に対して批判的に関わることというのは、このようにして過去と未来を錯綜させることなのだと思います。そうすることで、一見過去の遺物にしか見えないようなものの未来性を主張することが可能になります。

想像力や共感の限界と可能性をめぐる今後の研究について

山田：最後に、現在進行中のご研究についてお聞きできればと思います。今取り組まれていることや、本日お伺いしたアイディアの新たな方向性など、お聞かせいただけますか。

パンディアン：今進めているプロジェクトは大きく三つあります。二〇一六年の大統領選挙以来、アメリカにおける壁、境界線、国境に関する本に取り組んでいます。現代アメリカにおいて、「壁」なるものが環境に関するメタファーとして持ちうる訴求力について、理解しようと試みるものです。実は既に原稿を書いたのですが、パンデミックや直近の人種差別反対の抗議活動・運動など、今年起きているさまざまな出来事をもとに考え直さなければいけない状況です。このプロジェクトで検討したいのは、多くのアメリカ人が他者の苦しみを無視することを可能にしている「無関心の壁」とも呼べるものに関してです。この「壁」は、例えば、国境の壁が移民・難民の人々が直面している悲惨な状況に対する応答として持ちうる魅力に、よく表れています。ですが、それは現代アメリカにおける生活の他の側面においても顕在化しますし、いずれもある根本的な意味で冷酷かつ反環境主義的なものです。例としては、要塞のような住宅の出現が挙げられます。これは家というものを、不安定な世界からのある種の避難所として捉えるものとして考えられます。また、SUV（スポーツ多目的自動車）に代表される巨大な乗り物が台頭してきていて、動く装甲装置として環境を支配する手段のようにすら機能するようになりつつあります。また、身体の脆さに関する考えから、その健康を守るために排他的手段が使われるようになっており、より不安定な環境に暮らす他者をそのために犠牲にすることすらいとわない状況があります。このプロジェクトでは、今挙げたようなことを考察してきました。最終的にどうなるかはまだわかりませんが、今はこの国で大きな変化が起きようとしている時であり、この現状にかなうかたちにするためにこの文章にどう手を加えるのがよいのか、考えていくつもりです。

もうひとつ取りかかりはじめた本は、腐敗に関するものです。脱成長運動を追いはじめたのですが、私が特に関心を持っているのが、経済成長への執着に対するひとつの応答としての脱成長という考え方です。それはまた、活力というものを従来とは異なるかたちで思い描くことを招くとも捉えることができます。直観として、これらの問いに切り込むひとつの方法は、成長への固執によって気づくのが難しくなっている類の変化のプロセスについて考えてみることなのではないかと思っています。例えば、私たちは成長の裏側としての腐敗をなかなか認めること

＊28　Pandian, Anand　2009　*Crooked Stalks: Cultivating Virtue in South India*. Duke University Press.

＊29　Pandian, Anand　2020　"A Stranger to the Weave." *Society for Cultural Anthropology*.（https://culanth.org/fieldsights/a-stranger-to-the-weave　最終アクセス日：二〇二一年五月二八日）

＊30　ボッカチオ、ジョヴァンニ　2007　『デカメロン』上中下、平川祐弘訳、河出文庫。

ができずにいますが、その難しさ自体に着目しようというわけです。そうすることで、腐敗や非恒久性といった現実とともに生きる方法が存在すること、またそのなかには、成長以外の願望や福利の考え方を前提として社会や経済を編成するための実用的な手掛かりが隠れているのを示すことができれば、と思っています。実際のフィールドワークもはじめていて、本では世界四カ国からの四つの物語集のかたちを取ることを想定しています。

最後に、これはまだ私の頭のなかでも整理しきれていないのですが、これまで取り組んできたさまざまなプロジェクトのほとんどすべてに関わる、あるアイディアに関する本について構想をはじめています。私の仕事のなかで重要な問題であり続けてきた、環境倫理についての考え方の根底にあるものとも言えるかもしれません。それは「開かれた心」についてです。つまり、世界やその予測不可能性と移ろいに対して「開かれた心」、またある種のエコロジカルな応答性としての「開かれた心」を養う可能性のことです。これまでいろいろなプロジェクトに取り組んできましたが、それらは「開かれた心」の人類学とも呼べるものの各章を構成しているのではないかと考えはじめています。先日、これらのアイディアについてインドのインフォシス科学財団での講義として探索する機会があり、いずれそう遠くない将来には本のかたちにまとめられればと思っています。[*31]

山田：想像力、好奇心や共感の限界と可能性に関するこれらの問いは、ますます重要性を増していくようにも思えます。本日は示唆に富んだお話をいただき、本当にありがとうございました。今後もパンディアンさんの著作を通して考えていくのがとても楽しみです。

パンディアン：ご質問を聞きながら改めて考えるのもとても楽しかったです。このような機会をいただき、ありがとうございました。

＊31　Infosys Prize　2020　“The Open Mind: An Anthropological Inquiry – Prof. Anand Pandian.” (https://www.youtube.com/watch?v=CT1DFOI38is　最終アクセス日：二〇二一年五月二八日)

総論 II

奥野克巳　近藤祉秋
大石友子　中江太一

人類学を複数化し、問題の裏の不在に共感する

奥野克巳（以下、奥野）：この総論Ⅱでは第二部の三つのインタビュー記事について、大石さんと中江さん、近藤さんとともに振り返りながら深めていきたいと思います。まず、村津さんによるインタビューのなかでファインさんが注目するのが、モンゴルの医療です。モンゴルの人々が、げっ歯類のマーモットを狩って珍味として食べるのは、その肉に強力な治療性があるとされているからです。他方で、マーモットは、毎年若者に死をもたらすペスト菌の保有動物です。モンゴル人はそのことをよく知っていて、自然のなかの観察を通じて、マーモットの動きが鈍いと、ペストが潜んでいることを知る民俗知を持っていると言います。モンゴルにおける動物由来の感染症に関する観察行動から、一体何が言えるのでしょうか。ファインさんは、ウイルス源を特定して責任の所在を配分するのではなく、ウイルスの異種間の移動に着目することもできるはずだと言います。そのような見方を発達させてきたモンゴルの牧畜民の社会では、「ワンヘルス」に先立って、古くから人の医療と動物の医療を区別してこなかったため、「予防法」的な医療の仕組みが発達しています。モンゴル医療では、土地の状態と人や家畜の健康が相関するという視点で捉えてきたという点も示唆的です。

ファインさんへのインタビューの後半では、人類学の表象の問題が取り上げられていました。彼女は映像人類学の方法として、映像を見る観客が、映し出される対象と一緒にいて、自分たちが全体の一部であるかのように感じられる「観察映画」を採用しています。映画がゆっくりとしたテンポではじまれば、全体がゆっくりとしたテンポで進むことを観客に想像させます。ファインさんにとって、この映像手法は、人類学が向き合うフィールドの現実、声のトーンや物の手触りなど、フィールドワークを人類学に導入したマリノフスキが大事だと唱えた、実生活の「不可量部分」を伝えるのに適したものだと言います。

またこの手法は、動物に関して観客に伝えたいことを伝えるのに適したものです。映像だけでなく、例えばGoProカメラを動物に取りつけるなど、多様なメディア環境を駆使することで、単に論述のスタイルだけではないマルチモーダルな人類学が、彼女の次なる課題だと言います。ファインさんは、マルチスピーシーズ民族誌を通じて、動物に対する人間の関わり方はひとつではないと認識することができると述べています。マルチモードを用いて実生活の不可量部分にどのように接近するのかという問題意識が彼女にはあります。インタビューを通じて彼女は、マルチスピーシーズ、マルチモーダルによって、マルチプルな人類学の展望を示してくれたのだと言えるでしょう。

続いては、『森は考える』の著者コーンさんへの近藤宏さんによるインタビューです。このインタビューでは「人類学とは何か」という問いに対する彼なりの答えの模索が感じられました。前半では『森は考える』がどのように作られたのかが述べられていますが、彼はエクアドル東部のフィールドでさまざまな存在に耳を傾けたと言います。それには、人々の声を聞くこと以上に意味がありました。そうするうちに、森のなかで人々がコミュニケーションをする時には、言語のあり方が普段と違っていることに気づいたのです。そのことから、彼がもともと考えていた人類学について考え直さなければならないと思うようになったと言います。同時に、人類学は実は多くのことを伝える術を持っていないのではないかということにも気づいたと言っています。コーンさんは、人類学が、この人はこう言い、あの人たちはこう言っているという記述以上に進めていないことと、社会的・文化的な現実だけを相手にすることはパラレルなものだと見ています。そして、人々が森のなかでさまざまなことを行うように、異なる現実のなかに踏み込んでいかなければならないと考えるようになったと述べているのは、とても印象的でした。また彼は、個人的な思いを排除して、事物に対する考えを変えるような何かと向き合う方法を見つけるための手法が民族誌なのだと言っています。そのようにしながら、『森は考える』のサブタイトルにもなっている「人間的なるものを超えた人類学」という人類学の新たな課題に、コーンさんは辿り着いたのではないでしょうか。

意外なことに、コーンさんは文章が上手ではないそうで、すごく時間をかけて執筆に取り組んでいる。そのこと自体がまた、関連性や物事を把握する方法にもなるのだと述べていました。コーンさんのフィールドワークは、レコーダーを森のなかに持ち込んで、録音しながら行う聴覚的なものだったことについても触れていました。そうした態度は、彼が、擬音語が多い言語体系の存在に気づくことにもつながったようです。擬音語とは音響イメージでもあり、人が森のなかで考えるならば、sylvan thinking つまり「森の思考」は人間に大きな影響を与えるのです。

哲学的であり概念的な書物である『森は考える』の刊行後に、コーンさんは、森とはよいものであると気づいたと言います。そのことによって、森の価値が破壊されないために、存在論的な思考をすることから、倫理的なプロジェクトに関わるようになりました。コーンさんにとって、森は私たちを導いてくれるものであり、現在彼は、世界の声に耳を傾ける方法を、アマゾニアの思想家である精神的なリーダーたちとともに探ろうとしています。人新世に関しては、人間が間違ってしまったということを、その概念が示しているというだけでなく、人新世という概念を手に入れることで、これから一体何ができるのかを考える機会にもなりうるし、その際に私たちは、世界に耳を傾けることが大切だと結んでいました。

コーンさんと同じように、人類学がどうあるべきなのかという角度から考えているのが、次の山田さんによってインタビューされたパンディアンさんです。彼の人類学への出発点は、環境問題を勉強するなかで、見捨てられた環境でさえ、現地の人たちにとっては価値があり、重要なのだと気づいたことにありました。そこから、人は間違うこともあるが、環境マネジメントのように間違いを修正すべきという点から出発するのではなく、人がどうして特定の行動を取るのかを理解することこそが大事であると考え、人類学の世界に飛び込みました。パンディアンさんの人類学は、とても現実的かつ前向きです。何か問題があるということは、同時に他のやり方で物事を行う可能性があることを示していると言います。つまり、何らかの問題は、別の根本的なあり方を想像することにつながるというわけです。

パンディアンさんにとって民族誌とは、ある種の変わった環境論的な方法論です。他者世界への没入を伴う民族誌を通じて、想定外の事態や困難に向き合う開放性や感受性を養い、予測しなかった状況を学ぶのが人類学であると捉えています。インタビュー記事からは、パンディアンさんの人類学に対する強い肯定的な価値観が伝わってきます。彼にとって「人間性」というのは、他者に共感する同朋意識のことです。そして、それが人類学的な問いを突き動かすのです。人類学者は、目の前に何かを喚起してくれるという点において、映像作家や文化人とさほど違いはないとも言います。そのことを踏まえて、人類学が果たす役割とは、西洋を独善的なものにした人種主義や帝国主義の遺産に対して効果的に立ち向かうことで、その延長線上に、人間と非人間の境界を越えた人間性も主題化しうるはずだと見ています。そのことによって、西洋の自然・文化の二項対立の奇妙な反復ではない、より強度のある環境概念を、人類学の歴史から見ていくことができるのだと言うのです。

コーンさんが森のなかで音響イメージに着目したように、パンディアンさんも思考の物質的な基質として働くさまざまなイメージの重要性を指摘しています。思考は、世界から離れた場所ではなく、世界そのものに属している。

人類学者は、そうしたイメージを、自らを通して表象するチャネラーだというわけです。パンディアンさんの言っていることは、コーンさんの言う「記号過程」的です。そして、それぞれの驚きやアイデアに向き合うことにより、思考や存在の質感を変容させてくれる絶え間ないプロセスこそが、人類学の経験の手法だと述べていました。人新世については、その概念を用いた現在の状況が現われてきたなかで、アジア・アフリカの人たちの役割は小さかったため、非ヨーロッパの営みの側から人新世について想像してみることで、別の可能性が見えてくるとも語っています。存在感があるものの裏側では、ある犠牲のもとで何かが不在になっていることを、人類学者は考えてみるべきだと。不在になっているように見える、他の考えの存在感に焦点を当てることで、潜在的な変革へと歩んでいくことができる。近代性とは、他のものが排除されたことによって成立したものであり、失われたものを回復させることもまた、人類学にとって重要なのだと、パンディアンさんは考えています。

以上、第二部の三つのインタビューの概要の紹介です。

ナターシャ・ファイン——動物をめぐる知を探り、人々の声やモノの質感を現前させる

大石友子（以下、大石）：第二部では、それぞれの方が人類学者として、フィールドで人間以上の関係に巻き込まれながら調査を行い、その研究成果を民族誌として描き出して世に出すだけに留まらず、創造的なプロジェクトに関与していることが印象的でした。マルチスピーシーズ民族誌を実践している人類学者のなかには、先住民運動などに、コーンさんがおっしゃっているような通訳的、つまり概念の翻訳者的な立場で関わっている方が多くいるように感じます。それはおそらく、総論Iで近藤祉秋さんもおっしゃっていたように、この分野が科学技術の人類学の潮流を汲みつつも、例えばヴィヴェイロス・デ・カストロの多自然主義（multinaturalism）であったり、デ・ラ・カ

デナの多元的宇宙（pluriverse）[*1]のような、「単一の世界と複数の文化」ではなく「複数の世界」という視座を提示した、先住民の人間と自然の関係性についての議論の潮流を汲んでいることともつながっているように思います。そのなかで気になったのは、日本のマルチスピーシーズ人類学においてはアートや文学、哲学などとの協働は見られますが、海外のような積極的な運動との結びつきがこれまであまりなかったように感じられることです。海外と日本の運動のあり方が異なるのかもしれないのですが、この第二部のインタビューで触れられている海外でのアクティヴな活動は、とても刺激的でした。こうした視点からインタビューを見ていくと、ファインさんは二つの積極的な活動を行っています。ひとつは、モンゴルの医療に関するフィールドワークをベースにしながら、民族誌映画などのマルチモーダルなコミュニケーションを通じて、一般の人々にも動物や土地との関係性を自分たちとは異なる認識方法から理解してもらうことを目指す活動。もうひとつは、モンゴルの医療と知識の伝達について研究する国際チームで、生物医療の技術と牧畜コミュニティが持つ病に関する知識の統合に向けて、異なるパースペクティヴを健康という観点で結びつけようとする活動です。

どちらの活動も、異なるパースペクティヴを持った人々が他者と結ぶ関係性を別のあり様から捉える可能性とともに、その異なったパースペクティブが重なる地点を作り出すことで新たな可能性も拓いていくという、重層的かつ創造的な活動として捉えることができると思います。こうした活動は、人類学者がフィールドワークで、自分のホームである慣れ親しんだ世界とフィールドという異なる世界を行き来して、双方の世界における現実の不可量部分へと接近できるからこそ可能になっているのだろうと感じました。パンディアンさんの議論にも関わるのですが、モンゴルの伝統的医療のようなものは、時代遅れとみなされて、合理化されていくシステムに反映されず、衰退する可能性もあるかと思います。そう考えると、ファインさんの国際チームでの活動は、伝統的なもののなかに未来性を見出していく、意義のあるものだと感じます。このような活動は、人類学者が得意としていることなのではないでしょうか。

奥野：マルチスピーシーズ研究の誕生には、複数の世界への視点が人類学のなかにもたらされたことも一役買っているのではないかということですね。その指摘はなかなか興味深いです。では中江さんからもお願いできますか。

中江太一（以下、中江）：ファインさんの話を読んで最初に思ったのは、コロナ禍でインタビューが行われ、この「モア・ザン・ヒューマン」シリーズがウェブサイトとして制作されたことの意味です。パンデミックに見舞われた世界において、モア・ザン・ヒューマン的な発想がどのような点で有効なのかを考える契機になったと思います。ファインさんのインタビューでは、マーモットが取り上げられます。この動物にある種の薬のような効果があると信じているモンゴルの人々の風習と、実はペストを媒介する動物であるという医学的な側面のせめぎ合いが語られていて、非常に興味深く感じました。

また、畜産業についてのブランシェットさんのインタビューでも、人間社会は「ブタの感染症を貯め込む貯蔵庫の中核」になっているということが指摘されていました。ウイルスや細菌を前にしては、人間と動物というのは同じ立場に置かれています。マルチスピーシーズという新しい人類学の見取り図によって、この人獣共通感染症が明瞭に見えてくることがよくわかるのではないでしょうか。

この点を補足する意味で、最近再注目されているカミュの『ペスト』[*2]でも、ペストに最初に感染したのは人間ではなく、ネズミだったことを思い出しました。それから人類学の分野では、フレデリック・ケックの『流感世界──パンデミックは神話か？』[*3]がありますが、マルチスピーシーズ人類学の視点からすれば、どちらの本も物足り

＊1　De la Cadena, Marisol and Mario Blaser (eds.) 2018 *A World of Many Worlds*. Duke University Press.
＊2　カミュ、アルベール　2021『ペスト』三野博司訳、岩波文庫。
＊3　ケック、フレデリック　2017『流感世界──パンデミックは神話か？』小林徹訳、水声社。

なく映ります。カミュの『ペスト』においては、ネズミはオランという地域の人々を襲うペスト禍を予兆する一種の印、記号にしか過ぎません。ケックの『流感世界』についても、鳥インフルエンザに襲われた社会の生政治分析が中心となっていて、人間と動物を問い直す発想は欠けているように思いました。コロナに関する文学としては、体験記的なものやコロナ禍の人間を描いた作品が次々と出版されていますが、[*4] 今後はマルチスピーシーズ的な発想も求められると思います。

奥野：その指摘は、種を超えて広がるウイルスや細菌などの病原体を、人間と動物種を扱うマルチスピーシーズ民族誌が取り上げる余地があるのではないかということですね。コロナを含め、ウイルスをめぐる人類学がありうるのかという大きな問いも出ましたが、これは後に残しておきましょう。今現在、ウイルスをめぐる新しい人類学があるのでしょうか。

エドゥアルド・コーン——森の知的興奮を聞き、人間の言語世界に還す

大石：コーンさんの『森を考える』は、すべての生き物が記号過程にいるということを描き出しており、日本でも広く読まれている著書だと思います。その著名な本を書かれているコーンさん自身が、インタビューでは「人類学が多くのことを伝える術を持たないことに歯がゆい思いを抱いていた」と述べているのが印象的でした。ここでは、ファインさんがマルチモーダルなコミュニケーションを用いて不可量部分を伝えようとしていたように、人類学において従来とは異なる表現方法が探求されるようになった背景には、フィールドワークと民族誌を書くことの間にあるギャップが強く認識されるようになったことがあるとわかります。

そうしたなかで、ナイトさんのインタビューでも指摘されたように、人間の視点や語りだけから、他なる存在との関わりを描くことの先へと進むために、コーンさんは、森で録音データを収集したり、多様なレイヤーを用いて、

人々が他なる存在と交流する様子に耳を傾けながら執筆を行ったという経緯が面白いです。フィールドワークやデータ分析の方法としても参考になりました。

近藤さんから、パースペクティヴィズムは視覚に寄りすぎているという指摘がありましたが（総論Ⅰを参照）、実は私もそう感じていました。なので、最近は視覚に加えて、聴覚や嗅覚にも注目をしています。クアイの人々が、ゾウのことを理解することは絶対にできないと言っていることに触れましたが、それは人間同士の親密な関係、例えば親友や配偶者であったとしても、その人のことを完璧に理解することは難しいという事実がベースとなっています。そして、理解することはできないと彼らが言う際には、絶対に理解できると言い切ってしまうことで生じる権力性を持ち込まないという意図が込められているように感じます。

ただし、クアイの人たちがゾウの視点を完璧に理解することはできないからといって、理解しようとしていないわけではありません。実際にゾウと向き合う場では、コーンさんが聴覚に注目したように、ゾウの発する声や身体を用いて出す音に耳を傾けることが重要になります。さらに、クアイの人々とゾウの関係は、匂いを交換することからはじまります。コーンさんが用いたレコーダーでの録音のエピソードからは、そういった聴覚や嗅覚を使いながら行われる人間以上の存在との相互交渉の実践を、いかに記録することが可能なのか考えさせられました。

また、『森を考える』が著者の手を離れて、作曲家などのアーティストへと影響を与えたり、コーンさんが「倫理的なプロジェクト」と呼んでいる活動において、実践的な活動、特にアニミズムの考えを政治の領域に持ち込むといった共同作業を行っていることには、ファインさんの活動とも通じるものがあると思いました。アニミズムを

＊4　多くの文学作品が出ているが、例えば以下を参照。金原ひとみ　2020　「アンソーシャル　ディスタンス」『新潮』二〇二〇年六月号、新潮社；方方　2020　『武漢日記——封鎖下60日間の魂の記録』飯塚容・渡辺新一共訳、河出書房新社；チェン、ビンタン、ステファニー・トマ　2020　『武漢脱出記——中国とフランス、二つのロックダウン』深田孝太朗訳、中央公論新社。

政治的な場に持ち込むことは、人類学者が現地の人々と協働しながらできることのひとつとして、重要なことだと感じています。例えば、クアイの人々もアニミズム的な見方を参照しながらゾウとの親密な関係を築いており、ゾウを家族の一員として語ります。しかし、近代的な見方においては、動物との親密な関係は嘘や虚構として捉えられ、クアイの人々はむしろゾウを搾取し酷使する人々として批難されてきました。さらに、彼らの持つゾウの所有権を取り上げようとする動きも過去にはありました。総論Iの議論と重なりますが、動物の視点を理解することはありえないという不可知論を前提としつつ、近代的な存在論では、人間中心主義的な視点からゾウを被害者として捉える見方が一般化しているため、なかなかゾウとの親密な関係自体を社会に受け入れてもらえない状況があります。アニミズム的な視点を村のなかに留めておくのではなく、いかに彼らの地位の向上や社会の構築へとつなげていくことができるのかを考えさせられました。

奥野：アニミズムを現代政治の場に持ち込むというのは、「森は考える」と考えてみることからはじめようと唱えて『森は考える』を書いた、コーンさんならではのインスピレーションに溢れる着想だと思いました。これを手がかりに、何か考えていくことができそうですね。隅々まで概念と言葉によって覆い尽くされ、それへの黙従によって人々が囚われの身となることの根源にある、悟性からなる政治の舞台が、直観に基づくアニミズムの景色に変えられてしまうのは、想像しただけでワクワクします。中江さんの方からも、コーンさんのインタビューに関してコメントをお願いします。

中江：『森は考える』を読んだ印象は、非常に重厚で難解な作品というものでした。なので、このインタビューは導入として好適なのではないかと思います。思考というのは人間の特権的な行為ではなく、人間以外の存在にもありえる。つまり、森が思考するという着想に至るまでのプロセスで、コーンさんが味わった知的興奮がリアルに伝わってきました。彼は、フィールドワークが無意味に感じられたり、退屈であったりするかと思えば、物事が突然ひとつに結びついて、ひらめく瞬間が訪れるとも言っています。後から振り返ってみると、本書に生かされた最も刺激的な発見のいくつかは、ほんの数秒の間に起こったことだったと言うのです。

コーンさんが述べている研究や調査における時間の問題は、文学研究をやっている私にも共感できるものです。ひらめきの瞬間性が語られている一方で、それを言葉にすることの難しさも述べられていました。「私は文章を書くのが上手ではない」という率直な告白には、そのことが端的に表れていたのでしょう。コーンさんは、言葉を用いていかに説得力を持たせられるのか腐心していて、それが言語の模倣性やオノマトペに対する関心にもつながったのではないかと思いました。

それから、大石さんも触れられていたところで、人類学研究が芸術活動を触発していることにも興味を持ちました。リザ・リムさんの音楽が『森は考える』から着想されていましたが、他にも人類学の影響を受けて別の分野が刺激される例があれば知りたいです。文学の領域においても、人類学的な知を取り入れようという動きがありますし、例えばハラウェイが現代美術界に大きなインパクトを与えていることは知られていると思います。

奥野：確かにメイキング・オブ・『森は考える』といった趣のある刺激的なインタビューでしたね。人がその一部でもある森というフィールドへの入り方を考えさせられました。また、コーンさんが『森は考える』後に、倫理的なプロジェクトに関わるようになって、「森の思考」を持ち込みながら、アクチュアルな問題に自然な成行きで加わっていったという点も、面白いところです。

アナンド・パンディアン——ひとつの経験から質的統合性を引き出す

大石：この第二部のインタビューには重なる部分が多くあり、かつ相互補完的になっていると思います。そのなかでも特にパンディアンさんのインタビューは、人類学やその研究手法が持つ可能性と面白さがふんだんに述べられており、希望の溢れるものだと感じました。とりわけ、人類学的思考は、エスノグラフィーという手法によって、身体をもって感じ、考え、この世界の可能性と実際性に向き合うことから生じているものであると位置づけ、人類学者は、映画作家や文化人と同様に、出会う者の心を揺り動かそうとしているのだと指摘されているのが印象的でした。これはファインさんが民族誌映画を制作したり、コーンさんがレコーダーを用いて耳を傾けるなかで、民族誌を書くだけでなく、さまざまな人を巻き込んだり、巻き込まれたりする事態が発生していることとも関わっているように思います。こうした視点から、人類学や人類学者の役割をチャネルやメディアだと考えていくと、民族誌映画や実験的民族誌のような取り組みや、さらには環境人文学におけるフィクション的な記述が持つ可能性に注目していく必要があると感じました。また、そのためにもフィールドワークのなかで、身体で感じ、考える。コーンさんの言葉で言えば「人類学者が日頃研究対象としているような類の現実とは異なる現実へと踏み込んでいく」ことが重要なのだと、改めて確認できました。

中江：パンディアンさんのインタビューは、人類学についての再帰的な問いが多く、なかなか理解できない部分も多かったのですが、一番興味を惹かれたのは、デューイを引いて人類学のフィールドワークについて話しているところでした。パンディアンさんは、一般的な意味での“experience”と一回性の“an experience”を分け、後者には質的統合性というものがあると言っています。ここには、フィールドワークという一回性の具体的な行為のなかから現実についての深い認識が生まれてくるという、基本的な価値観が提示されているように思いました。以上の解釈が誤っていないとすれば、文学と人類学の研究にも共通点があるのではないかと思います。文学あるいは文学の研究というのは、一人の作家、ひとつの作品という個別的なものから、普遍的な問いを引き出すことに存しているからです。

奥野：なるほど。パンディアンさんが一回性の経験を大事にしているというのは、非常に興味深いですね。パンディアンさんを含め、この三人のインタビュー記事を読んで、とりわけ強く印象に残ったのは、人類学者が「人類学とは何か」を問わざるをえないという意味で、再帰的な問いを自らのうちに抱え込みながら、フィールドに往っては還り、還ってはまた往く研究者だという点です。人間世界にはさまざまな問題が蔓延っていますが、それは事が成し遂げられた別の可能性があったことを示していると、パンディアンさんは言っています。そして、別の可能性を想像する人類学を構想しているのだと。それは中心にどっしりあって存在感を放っているものではなく、周縁に見捨てられていたものたちの方から世界を眺めることが、学問の実践のなかで身体化され染みついてきているのではないかと感じました。

パンディアンさんには、現代の人類学の改革者であるティム・インゴルドが哲学に向かうのと似た感性があるように思います。インゴルドは『人類学とは何か』[*5]のなかで、人類学とは人々「について」の学ではなくて、人々「とともに」人間の生を学ぶ学だと再規定しました。これまで人類学者がフィールドで長らくやって来たことを正直に述べ直すことによって、学問の制度のなかで一般化されたデータを取ってくるためのフィールドワークという見方をひっくり返したのです。

パンディアンさんのアイデアには、インゴルドに比肩しうる「騒めき」のようなものがあるように感じます。この「モア・ザン・ヒューマン」のインタビュー集のなかでも、彼にとっての「ヒューマン」とは人類学のことで、彼のインタビューは、人類学以上、あるいは既存の人類学を超えていくという趣がありました。その意味で、パンディアンさんの人類学が今後どんな成長を遂げていくのか、また彼がコロナをどう捉えるのか、とても楽しみです。

＊5　インゴルド、ティム　2020『人類学とは何か』奥野克巳・宮崎幸子共訳、亜紀書房。

マリノフスキから一〇〇年後の人類学

近藤祉秋：まず、大石さんがお話しされていた、英語圏と日本の違いについてリプライしたいと思います。実は本シリーズを企画した理由のひとつが、英語圏と日本の人類学の間にある違いを伝えるということでした。これだけグローバル化した世界で、コロナ禍以前はアカデミアの国際交流も盛んでしたが、それぞれの国や言語圏ごとに人類学の動向も異なるという状況があります。この企画では、海外の状況を伝えつつ、日本からの発信も行うというのが狙いでした。大石さんがファインさんの記事を読み、海外の動向に触れて刺激を受けたというのは、個人的にはとてもうれしかったです。この総論のための座談会とは別に、中江さんからは「コロナ禍を受けてどのような新しい試みがありうるのか」という問いをいただいていましたので、いくつか事例を挙げてみます。[*6]

私自身はデジタル民族誌やデジタル人類学という分野を学びはじめて、フェイスブックなどのSNSを使った調査方法を試行しています。[*7] 私の調査地は、八〇人くらいの小さな村ですが、古老でもフェイスブックのアカウントを持っているところです。ツイッターのアカウントを使って、調査している方の話も聞きました。SNSを使った調査方法はおそらく今後多くの事例が出てくるのではないかと思います。

また別の面白い動きとして、オートエスノグラフィーの手法を応用したものもあります。オートエスノグラフィーとは、自分で自分の生活を民族誌として記録することを意味するのですが、知り合いにコロナ禍での日々の生活を文字や音声で記録してもらい、それを集めて分析するという調査方法を試している人もいます。[*8] 人類学のスタイルとしては、一人の人間がひとつの村やコミュニティに行き、長期間住み込むというのが定番です。しかし、それがコロナ渦で難しくなった今、さまざまな新しい試みが生まれています。今行われている試みの多くは、コロナが終息したら顧みられることはないかもしれません。それでも、新しい方法を模索してみることは、人類学の未来を考えるうえで有益かもしれないと思っています。

ちょうど一〇〇年ほど前にマリノフスキーが『西太平洋の遠洋航海者』[*9]を出版したことにより、アームチェア人類学からフィールドワークをベースとした人類学へと変化が起こりました。現在、コロナ禍により生じている変化がどの程度続くのかもわからないですし、その後に影響を与えるような変化をもたらすのかも不透明な情勢ではありますが、マリノフスキー革命が起きてからほぼ一〇〇年後に人類学のフィールドワークをめぐる状況が揺れているのは、興味深いことだと感じています。

最後に、人類学とアートの関係性に関しても短めにコメントをさせてください。そもそも「マルチスピーシーズ民族誌」という言葉が生まれる背景として、「マルチスピーシーズサロン」というアート展がありました。第一部でも名前が出てた「マルチスピーシーズ民族誌」の特集を組織したカークセイは、バイオアートに関心を持っていました。彼が中心となって、人間と生き物の関係、特にテクノロジーを介したような生き物との関係を表現したアートを集めた展覧会がアメリカ人類学会で企画されました。[*10]カークセイが組織した特集の序文[*11]では、この「マル

＊6　この発言は座談会当日に発せられていたが、オンライン記事化の際に文言が修正されたため、脱落している。ここでは文脈を考え、そのまま残した。
＊7　近藤祉秋　2021「デジタル民族誌の実践――コロナ禍中の民族誌調査を考える」『モノとメディアの人類学』藤野陽平・奈良雅史・近藤祉秋編、pp.247-259、ナカニシヤ出版。
＊8　Otaegui, Alfonso　2020　"Anthropology in times of COVID-19. Auto-ethnographies of the pandemic in Chile." *UCL*.（https://blogs.ucl.ac.uk/assa/2020/09/30/anthropology-in-times-of-covid-19-auto-ethnographies-of-the-pandemic-in-chile/　最終アクセス日：五月二九日）
＊9　マリノフスキ、ブロニスワフ　2010『西太平洋の遠洋航海者』増田義郎訳、講談社学術文庫。

チスピーシーズ・サロン」で出品された作品も紹介されていて、このことからして現在の人類学とアートの近しい関係性を窺うこともできるかもしれません。

＊10　Kirksey, Eben　2014　*Multispecies Salon*. Duke University Press.
＊11　カークセイ、S・エベン＋ステファン・ヘルムライヒ　2017　「複数種の民族誌の創発」近藤祉秋訳、『現代思想』45(4): 96-127、青土社。

第三部　モア・ザン・ヒューマンの人類学から文学、哲学へ

第七章　外臓と共異体の人類学

石倉敏明
唐澤太輔（聞き手）

石倉 敏明　Toshiaki Ishikura
秋田公立美術大学准教授。環太平洋の比較神話学に基づく「山の神」研究、芸術人類学、アーティストとの協働制作等を行う。第58回ヴェネチア・ビエンナーレ日本館展示「Cosmo-Eggs | 宇宙の卵」（2019年）に参加。主な著書に『野生めぐり 列島神話の源流に触れる12の旅』（田附勝との共著、淡交社、2015年）、『Lexicon 現代人類学』（奥野克巳との共編著、以文社、2018年）などがある。

唐澤 太輔　Taisuke Karasawa
秋田公立美術大学准教授。専門は哲学、文化人類学、南方熊楠の思想研究。近年は熊楠の関心領域でもあった粘菌の生態を哲学的に研究している。主な著書に『南方熊楠　日本人の可能性の極限』（中央公論新社、2015年）、『南方熊楠の見た夢　パサージュに立つ者』（勉誠出版、2014年）などがある。

外臓——対称性の論理の発見

唐澤太輔（以下、唐澤）： 今日は神話研究を中心として、人間と非人間とのあり方を深く思索されている石倉敏明さんに、改めて現在の研究内容やアートとの接続などについてお伺いしたいと思います。以前、明治大学の野生の科学研究所で行われた公開研究会「可食性の人類学」[*1]で、僕はおそらくはじめて石倉さんの講演を聞いたと思います。その時に、石倉さんが「外臓」というワードを使って、人と「食」にまつわる非常に興味深いお話をされていたことを覚えています。今一度この「外臓」という概念について簡単に教えていただけますでしょうか。

石倉敏明（以下、石倉）：「外臓」という概念についてはじめてお話ししたのは、ご指摘いただいた「ホモ・エデンス 可食性の人類学」という研究会の最終回です。この発表に至るまでに、実はふたつの体験的なルーツがあるんですね。ひとつは二〇一一年の東日本大震災の後に、写真家の田附勝さんと一緒に約一年かけて日本列島各地を旅

＊1 公開研究会「可食性の人類学」第一回「世界の始まりから隠されてきたこと」（二〇一四年六月二一日開催）レポート（http://sauvage.jp/activities/2206 最終アクセス日：二〇二一年五月二九日）

した一二回の旅の経験があります。

唐澤：その旅というのは『野生めぐり——列島神話の源流に触れる12の旅』[*2]に載っている旅のことでしょうか。

石倉：そうです。田附さんと東北から九州まで一年間かけて旅をするなかで、各地で神々に捧げられた神饌だとか、死者や祖先の供養のためのお供物と何度も出会ってきました。その時、各地の農作物やお酒や味噌・醤油などの発酵食品、魚や動物の肉のような「海の幸」や「山の幸」をいただくことが、各地の神仏に対する信仰と不可分であることに改めて気づかされました。各地の食文化の背景を知る体験から、私たちの活動のエネルギーを支え、個々の身体を構成している「自然からの贈与」に対して敏感にならざるをえなかったのです。なぜなら、東日本大震災の原発事故や放射能汚染の体験があったからです。当時は放射能汚染によって、東北では採集されていた山菜や魚が食べられない状況にあり、農作物や海産物に対する出荷制限もかなり残っていました。こうした経験と並行して、水俣病の発生現場でも同じような例が発生していたことを、結城正美さんの石牟礼道子論[*3]を通して知りました。郷土食の料理を、海や大地からの贈与としていただくという非常に古い時代から伝えられた感覚と、その贈与物が人間の社会経済活動の拡張に由来する放射能や水銀によって汚染されるという矛盾。そういった非対称の状況から自らの身体を取り戻すには、どう想像力を駆使すればいいのかを、一年間旅をしながら考えていたんです。つまり、食を通して自分の体と環境との関係をもう一度見直してみたかったんですね。

ちょうど東京から秋田に移住する時期でもありました。秋田の自宅からさほど遠くない田んぼの一角を借りて、子供たちと一緒に農作業をしたり、沢水で遊んだり、里山から山菜を採ったりするような経験も重ねていました。不耕起農法の稲作をやってらっしゃる菊地晃生さん[*4]が農場の一部を共有地として開放していて、市民が週末にやってきて農作業をするコミュニティを作っていたんですね。ある休日、お借りしている田んぼで無心に草取りをしながら、ふと一息ついて周囲の里山を見渡した時に、まるで自分の身体感覚が切れ目なく、目の前の空間や田んぼと

釜津田鹿踊り © 田附勝

つながっているイメージが湧き出してきました。近くの畑では山から降りてきたカモシカが歩いていて、田んぼのなかにはタニシやカエル、ザリガニなどの無数の生物が食べたり食べられたりしています。人間が食べ物として育てている作物もそこにあれば、その田んぼには無数の小動物や昆虫や植物、そして膨大な微生物が存在する。そういう多くの生物が混在するなかで、自分の身体の内側に広がる領域が外界の現実とつながっているのではないか、という思考実験をしてみたんですね。

考えてみたら、自分の体の内臓は、口と肛門を通してひとつのチューブのように外部に開かれています。その内臓を、手袋をひっくり返すように拡張してみた時に、食料や他の生物とつながっている目の前の風景は、自分自身の内臓と地続きの空間と捉えられる。自分の目の前にある風景は、自分の内臓を外側にひっくり返した身体の延長として捉えることが可能なんじゃないか。「外臓」という概念を思いついた時に、そんな具体的なイメージが浮かんできました。こうして、震災後の旅の経験と田んぼでの体験から、僕はこの地上の有限な空間の一部分が身体の内部と深く連絡しているという感覚を得ることができました。

僕は大学院時代に人類学者の中沢新一先生から「対称性人類学[*5]」という、非常にユニークな理論を学んでいましたが、それを自分なりに理解する手がかりを掴めたように感じたのです。この理論は、人間の思考のなかで世界の全体性を把握するような「対称性の論理」と、事物を分節して時系列に配置する「非対称性の論理」が複合的に生起している、という思想です。つまり人間の心は、時間と空間を超えていく「無意識的思考」と、世界を合理的に把握しようとする「意識的な思考」というふたつの論理体系が「複論理（bi-logic）」として並行的に影響を及ぼし合っている。そうした論理が、「外臓」という言葉を通して、自分の身体的な実感として実を結んだように感じました。自分の身体を貫く消化器系のチューブが、実は外部空間と無限に開かれた絡まり合うループを形成している。このループを「外臓」として概念化することによって、個々の身体を外界とつなぎながら、食べるものと食べられるものが共生している世界を理解するような回路が開かれるのではないか。そう思ったわけなんです。

里山や里川といった環世界の現実を、われわれ人間は皮膚や骨格といった身体の外部に広がる単位だと理解している。これを「非対称性の論理」だとすると、他方には、外的な環境のなかに存在している生物が、食べ物として身体をとおり抜けていくような「対称性の論理」が並存している。つまり自分が何かを消化して、それをエネルギーに変えていったりするような食の体験は、根本的には外臓と内臓との一種の連続した絡まり合いとして理解できる。別の視点からみれば自分の身体も、他者にとっては、外臓の一部であるかもしれない。そうやって鏡のようにイメージを映し合い、エネルギーが移行するループとして、内臓と外臓を捉え返してみたいというのが最初のアイデアでした。

唐澤：自分の内臓を裏返した姿が自然なのですね。自分の身体が外界にも延長しているという感じですね。

石倉：自分の内的自然と外的自然というものがあるとしたら、それを結んでいるさまざまな知覚的なインターフェースがあると思うのです。例えば五感を構成しているさまざまな感覚器官は、すべて内臓という目に見えない無意識のレベルの身体につながっています。この感覚の回路は、内側に深く潜っていけばいくほど、外の空間とつながっている。この身体的な内と外との絡まり合いを意識化するような光景を「外臓」と名付けているわけです。

唐澤：なるほど。内側が外に、他者につながっている。内即外、クローズ即オープンという感じで、その区別が曖昧になるところがインターフェースなのですね。内が外になり、外が内になるとすれば、極端なことを言うと、人間が何か物を食べるということは、結局自分の延長でもある自分自身を食べているとか、同種を食べているということにもなるようにも思えます。それは一種の「カニバリズム」とも言えますか。

石倉：はい。「外臓」という概念は、内臓的な体験を、皮膚を超えて外の環境へとつなげる時に出てくる概念です。つまり、僕らは山を見ても、山というリアルな空間を「自然」というカッコに括っている。一種の認識の閉域に入れてしまっている。でも、その山を具体的に見ていくと、さまざまな生き物が刻々と生を営んでいて、食べたり食べられたりするような、リアルな世界がそこには生成されています。別の言い方をすると、人間的な記号はもちろん、それを超えたさまざまな記号次元がそこで生起しているわけですね。エドゥアルド・コーンが『森は考える』[*6]で伝えたような、さまざまな自己の生態系が、そこにひしめいている。そこで生きているものたちを食べるという

＊2　石倉敏明、田附勝　2015『野生めぐり――列島神話の源流に触れる12の旅』淡交社。
＊3　結城正美　2013『他火のほうへ――食と文学のインターフェイス』水声社。
＊4　「FARM GARDEN tasogare」のＨＰを参照のこと。（http://tasogare.akita.jp/　最終アクセス日：二〇二一年五月二九日）
＊5　中沢新一　2004『対称性人類学 カイエ・ソバージュ５』講談社。
＊6　コーン、エドゥアルド　2016『森は考える――人間的なるものを超えた人類学』奥野克巳・近藤宏監訳、近藤祉秋・二文字屋脩共訳、亜紀書房。

ことは、実は人間を食べるということと他の生き物を食べるということがフラットに同じような意味を持ってしまう危険とつながっています。喉元過ぎてしまえば、それは人間の肉であるかウシの肉であるか、それが何であるかっていうのは意識できなくなってしまう。そういう無意識の体験を自分の体の内側に抱えていて、常にカニバリズムと近いところにいる。しかし、実生活においては、そこから理性的に遠ざかる、遠ざかっていられるかのように、自分たちを社会的な空間のなかで島のように限定された領域として囲っています。それが一種の共同体だとすると、共同体を超える流動的なエネルギーや知覚の絡まり合う次元に常に接しているはずなのではないかっていうことを、内臓の外側にあるリアリティとして掴んでみたいのです。

我食べる故に我あり――複数種世界で食べること

唐澤：「島のように限定された領域として囲っている」という表現をされましたけれど、それは私たちが対象を理性的に遠ざけてしまっていて、本来的につながっているという事態に、分割線を引いてしまっているということでしょうか。

石倉：そのとおりです。例えば哲学者のデカルトは「我考える故に我あり」って言いましたけれども、例えば芸術的な創作活動も、「我描く故に我あり」「我作る故に我あり」を前提としてしまっている。つまり、ヨーロッパからはじまった芸術のモデルで言うと、そもそもの起点となる主体はデカルト的な思考のモデルから抜け出せていない。僕はその「考える我」を、分割線以前に引き戻す作業が必要だと感じています。「考える我」あるいは「表現する我」や「創作する我」も、無意識的にいつも何かを食べているはずです。僕らは理性的に身体的な次元を囲い込んでいるように見えるけれど、何かを食べることによって、自分自身を外界に開き、同時に変容している。あのデカルトの「懐疑し、考える我」も、思考のエネルギーが働くためには、何かを食べているはずです。食というインターフェースは、実は非常に大きなトランスフォーメーションの体験に隣接している。

唐澤：非常によくわかります。「我考える故に我あり」に対して、石倉さんは「我食べる故に我あり」と「複数種世界で食べること」[*7]でもおっしゃっていましたね。人は「我考える」という思考のエネルギーのためにも食べているわけで、その意味で「食」というのが最も基盤的なものとしてあると石倉さんは考えてるのだと思いました。例えば、仏教の捨身飼虎（しゃしんしこ）や神道の大宜都比売（おおげつひめ）もそうなのですが、「食」にまつわる話が出てくる場面というのは、その宗教において非常に大事なことを伝えているケースが多いですよね。キリスト教のアダムとエヴァも、禁断の木の実を食べる話が極めて重要です。しかし、これは仏教と神道と少し位相が違うという感じもします。捨身飼虎や大宜都比売の話は、贈与という側面がとても強いように感じます。つまり、自分自身を純粋に捧げるという側面がすごく強いと思うのです。一方で、キリスト教の創世記における禁断の木の実を食べる行為は、人間による能動性の強さみたいなものが垣間見られる。キリスト教圏における「食」と、それ以外の場所における「食」の違いみたいなものについては、何かお考えはありますか。

石倉：一神教の背景には、旧約聖書と新約聖書っていうふたつの神話のシステムが絡み合って、そこで生まれている食の世界観がありますよね。ヘブライズムの考え方では、まさに知恵の実を食べることによって、純粋なイデアルな世界から追放されて、身体性を獲得していく。人間は、純粋に精神的な世界から追放されて、性や食といった、動物性と人間性の絡まり合う「肉」の次元、あるいは「堕落した世界」に落ちていく。しかし、こうした世界観の

＊7　石倉敏明　2019「複数種世界で食べること――私たちは一度も単独種ではなかった」『たぐい』vol.1: 40-54、亜紀書房。

前提を神話学的に遡ると、エヴァをそそのかした蛇という存在は、実は古代的な知恵の象徴でもある。これはヘブライズムの神話以前の新石器時代的な、もっと古い神話につながっているわけです。

同様に日常食についての規定も聖書に由来しています。例えば、イヴォンヌ・ヴェルディエの『料理民俗学入門』[*8]を読むと、やはり神が七日間で世界を創ったという神話が、フランスの農村の食事の思想として構造化されている様子が見えてきます。休息日である日曜日に人々が食べるメニューや食材の調理法、皿の数、テーブルマナーと、創世記で神が世界を創造していたとされる平日の日常食とは、区別されていて食べ方も違うんです。食材となる動物の種類も、神によってあらかじめ定められている。だからキリスト教では、食事の前にまず創造主である一一神教の神へ感謝をしてから食べ物をいただきます。それは食材となっている動物や野菜に対する感謝というよりは、それを与えてくれた神様の恩寵への感謝という意味を持っている。「一者に対する感謝」という前提があると思うんですね。

つまり、食材は多様だけど、感謝すべき対象、食材を創った存在は唯一者であるっていう考え方があります。これは「ひとつの自然と多様な文化」という、人類学者フィリップ・デスコラが言うナチュラリズムの論理構造と同型ではないかと思うんです。

一方で、ヨーロッパ的な世界観の背景には、そうしたヘブライの神話に対して、ギリシャ・ローマの多神教的世界で生まれた別の世界観が組み込まれているようです。ギリシャ・ローマ的な古い神話は、一神教の表舞台からは姿を隠していますが、芸術的な想像力の世界では盛んに表象され、あるいは地中海のアルテミス神殿がのちにマリア信仰の拠点になったように、神話的な翻訳を経て、一神教の世界における聖母子像や聖者信仰、天使信仰といったかたちに偽装されていきます。実はこうした一種の神話的な異文化の翻訳システムのなかから、ヨーロッパの芸術や哲学が生まれていく。自然はひとつであるが、文化は多様である。これは言ってみれば、一神教的なヘブライズムの思想と多様な現れとしてのギリシャ・ローマの思想が折衷されている。人類学的な整理によれば、単一自然主義と多文化主義と言い換えられるでしょう。

ニーチェが言ったように、近代という時代に「神は死んだ」かもしれない。しかし、その後にはヘブライズムの神が、フィジックスを支える「一者」として居座り続ける。それに対して多様な表象、多元的な価値のシステムとして「文化」が現れてきた。ニヒリズムというのは、この交代と分割以外の何ものでもありません。多文化主義とは、まさにギリシャ・ローマ的な仮象の世界として「多様性と虚構」を結びつけてきたわけです。つまり、自然と文化という二元論を背景としながら、一者と多者が結合しているヨーロッパ的なコスモロジーの体系があって、そのなかで実は「食」という体験の持っている多元性が矮小化されてきたのではないか。

僕は、こうしたヨーロッパ中心主義に対して、本当に食を多元論として語るためには、単一の自然という前提を、多自然主義的に解放していく必要があると考えています。そうすると、日本人のように「いただきます」と言って食事する習慣も、その対象は森羅万象の働きや個々の食材となっている生物群、食を提供してくれた生産者や料理人に至るまで、実は多様なものであることが見えてきます。

「食べられているもの」と「食べているわれわれ」が対峙することができるポイントは、もちろん創造主を絶対的な他者と考える神話とは別のシステムです。われわれが食べているものと、食べているものが生まれてくる環境と、われわれ食べている主体がどのようにつながっているのかということをたどっていく時、このように思考を脱植民地化して、自然と人間の関係を別のしかたで編み直す可能性が見えてくると思うんです。

＊8　ヴェルディエ、イヴォンヌ　2009『料理民俗学入門』中沢新一訳、くくのち学舎。

人間もまた、食べられる存在である——新しいアニミズムの創造

唐澤：実は人間も食べられる存在であるというわけですね。だけど、私たち人間は往々にして、人間こそが最高捕食者であって、他のものが人間に食べられるということだけしか考えてない。それこそ動物園に囲われてしまっている動物は、人間によって見られる対象となっています。根本にある、人間が食べる方あるいは見る方、動物は食べられる方あるいは見られる方といった非対称な構造を問い直す必要がありますね。人間がそういう他種から食べられる可能性があるということを、真剣に意識した時に、何が開けてくるのでしょうか。

石倉：「我食べる故に我あり」という存在論的な起点からはじめると、一歩進んで「われわれもまた食べられる可能性がある」という推論が導き出されます。つまり、われわれのような肉を持った存在が、他者の「外臓」のなかで食べられる存在としてあるということから、「我食べられる故に世界あり」っていうことも反転して言える。「食べる我」の内臓的視点からは「世界がある」ということは説明できない。なぜなら、その食べ物は、既に世界のなかで与えられてしまっているからです。しかし、外臓的に「我食べられる」と言った時に、複数種の次元が現れる。はじめて食べられるものたちがひしめくモノの世界、物象の世界が見えてくる。ここが世界の世界性、食の世界性を担保している外臓の根拠であり、身体の外在性や相互性を支えている物質的次元の根拠でもある。しかもこの物質的次元は、常に数多くの分解者という存在によって支えられている。

生態学の理論のなかでは、生産者と消費者、そして分解者っていうふうに三層に分かれて論じられます。例えば森のなかに入ってみると、直接食べる・食べられる関係にあるという生き物はごく一部で、圧倒的多数は食べられずに朽ちていく。つまり、運良く食べられて、他者のエネルギーとして活用されてもらったのはごく一部であって、

食べられることなく朽ちていくものが圧倒的多数なんです。だけど、その朽ちていくものたちがどうなるのかというと、実は菌類や粘菌といった目に見えないものたち、あるいは目につきにくい小動物や昆虫に食べられる。この「食べられることの多数性」に、循環という次元の深みがあると思います。

「食べること」「食べられること」は決して「対関係」じゃないんですよね。われわれは「食べること」を、常に恋愛や性愛関係のように、二者の関係としてモデル化しがちです。しかし、これは実は「一対多」の関係を孕んでいます。しかも、この場合「多」に対峙するのは「一」を含むような生態系全体の集合としてイメージできると思います。「私はわれわれに食べられる」とでも言えるような「多数者に食べられている」という感覚。常に地球に食べられているというか、自然に食べられているというか、自分を取り囲む外臓全体に還元されていく。それによって朽ちて、自分も、大きなものがエネルギーの一部になることができる。つまり開かれた全体性に対して、自分が食べ物になるということは、誰かと特別な関係を結ぶというよりは、もしかしたら「無駄死に」のような体験に見えるのかもしれない。しかし、もちろんそれは無駄ではありえないのです。ですから、菌とかウィルスとかと共生するっていう次元を真剣に考えるならば、捕食者・被捕食者の対関係を超えたところまで、食の思想を拡張しなければならないと思います。

唐澤：まさにそうだと思います。朽ちていくっていうのも、実は食べられているんですよね。僕は死んだら粘菌に食べられたいと思っているんですけど、粘菌とかバクテリアが食べることによって朽ちていくんですよね。だから、人間というのは、ある特定の一者だけに食べられるだけじゃなく、食べられた後、糞尿になって排出された後は、バクテリアとか粘菌にも捕食されていく。そうやって、他の生命を、あるいは世界を支えていくっていうことだと思うんです。そういった意味でも、捕食者と被捕食者は、一対一ではありません。一対多なんですよね。そのように、自分が食べられることが世界を支えていることにつながることを意識したり実感したりすることが、現在は少なくなってきている。その原因は一体どういったところにあるんでしょうか。

石倉：都市化、文明化の進展によって、われわれが直接土に還元されなくてすむようなシステムが構築されてきました。その環境では、土とつながっているという実感すら忘れてしまいがちです。これを乗り越えて、自然の循環系と人間の文明圏の循環系を接続するためには、おそらく「自己」や「身体」という概念を更新する必要があります。グレゴリー・ベイトソンが言っているように、森のなかの生物の「自己」は皮膚を超えて存在している。その自己は、複数の身体に渡って分散することもあれば、自分の身体の内部にあるさまざまな、例えば細胞のひとつひとつといった次元まで、実は自己が縮尺されたり拡散したりしている。このことを踏まえて、コーンが「諸自己の生態学」という視点を出したことは、非常に革命的なことだと思っています。

この思想は、食べられる経験とも関係しています。実は自分が多数者に食べられるということは、自己が身体の皮膚のような境界では区切られないし、時間的にも個体の一世代では決して終わらないっていうことですよね。だから「複数の自己」によるアニミズムが可能になる。食べる・食べられる関係のなかで捉えられる二者の次元を超えて、実は多数者に食べられ、解体され、朽ちて土に還って、次世代の再生を準備するという次元から、「諸自己の生態学」を担保するような別の現実性が見えてくる。

しかし、アニミズムを一神教よりも遅れた原始的段階にある素朴な宗教思想であるという思想モデルを、一九世紀の人類学は作ってしまっていた。こうした人類学が作ってきた前提によって、私たちはおよそ一〇〇年間もの間、思考を停滞させてきたのかもしれません。そのことにはっきり気づいていたのは、南方熊楠くらいではないでしょうか。今や文明圏における循環と自然界における循環を接続することによって、新しいアニミズムというか、より適切なアニミズムのモデルを提示することが可能になってきました。それをやらなければいけない時期に差し掛かって来ている、と考えています。

唐澤：文明圏における循環システムと自然界における循環システム、それらをどう接続していくかは難しい問題だと思うのですが、何か重なり合う部分はありますか。

石倉：本来はあらゆるシステムが重なり合っていると思います。文明圏の人工物と、自然の次元は常に重なり合っている。このことを、ネパールのサンクという町で出会ったネワールの友人は、「この世界のなかには、女神の身体と関係ないものはどこにも存在しない」と表現していました。つまり、人工物と自然物を分割しない、非二元論的な思考がネワール仏教の女神信仰を支えているわけです。このような知恵は、ネワールだけでなく世界中の先住民社会に伝えられています。ここから、自然資源に対するエコロジカルな配慮や生命倫理の感覚も継承されてきました。ところが、私たちは資本主義が前提とする「自然の植民地化」によって、無限につながる女神の身体を人間の有限な所有物であるかのように、そして地球上の限られた資源を無限に開発できるかのように取り違えるようになってしまった。人間の文明圏を中心とするモデルに縛られてしまって、都市を取り巻くものを軽く見たり、自然を開発したり、環境を棄損してきたわけです。これが「人新世」と言われる時代の非常に大きな問題をつくってしまった。形而上学的な問題と社会的・経済的な問題のあいだに、解消しがたい大きな亀裂が生じています。ここに生じているのは有限と無限の大きなズレなのです。

唐澤：人間界における人工物というのは、実はすべて自然からできているわけですものね。だから、それぞれの人工物には、既に自然のすべてが含まれていると言ってもいいかもしれない。これは如来蔵思想の考え方にもつながってくるものがあって、それぞれは個々の存在として生きているけれども、実はそれらのなかにはすべて如来になるための種みたいなものが含まれている。今のお話を聞いていて、そのようなことを想像しました。また先ほどから説明されている「食べるもの」「食べられるもの」の関係に真摯に向かい合いつつ、我と汝、我と世界との関係を考えていくという話にもつながりそうです。石倉さんがイメージされている日本の歴史と仏教、あるいはそれを背景にした「共生の思想」について、もう少し教えていただけますか。

石倉：如来蔵思想の日本的展開を考えてみる時、「ヒジリ」という存在が重要な役割を担っていたと思います。最初期のヒジリにはふたつのタイプがある。ひとつは行基菩薩のように、社会的な空間に介入していくタイプのヒジリ。つまり、例えば治水や土木工事、大仏建立といった社会事業を通して、人間のために環境をよくするような、一種の人間的利他だと思うんです。同時に、自然智宗や道教の山林修行者、伝説上の役小角や蜂子皇子のように、修行のために山林に入っていく別のタイプのヒジリがいて、彼らは人間界から離れたエコロジカルな現実に触れることによって、「人間を超える」立場から利他を完成させようとします。どちらも人間と非人間の根源に、分割することのできない「如来」を胎児のように抱えている。平安時代には、その前の時代の律令仏教と山林仏教の分岐を背景に、このふたつの流れがダイナミックに交わることによって、都市と山岳を結ぶ新しい思想が生まれてきました。いわゆる「本覚思想」の展開も、人間と非人間の双方に「如来」を宿すという如来蔵思想の読み替えから生まれています。つまり、多くの人口が集まる文明的な生活圏と、山岳のアジールを背景とする修行道場とを結び、人間的利他と超人間的利他をつなぐ。これが日本仏教のプロトタイプだと思います。しかし、都市の政治権力と山岳の宗教的権力が拡大してしまうと、人間的世界と宗教的世界が分離していきます。すると、多くの祖師が比叡山から下りて、鎌倉仏教という宗教的なルネッサンスを発生させる。

このように日本仏教は常に里と山の関係を背景にしていて、多様な宗派や修験道の行者たちがその媒介役を担っていた。そういうかたちで、如来蔵思想は日本列島にひとつの大きな思想史を作ってきたのではないでしょうか。

日本列島の歴史では、こういった仏教的な利他思想の系譜と、古くから継承されているような神話の神々の世界が融合することで、いわゆる「神仏習合」という人・生物・自然・神仏の共生関係が思想化されてきたと思います。この共生関係をベースに人間と非人間の関係を見ようとすると、最初から人間だけに限定された世界が形成されていく「共同体」といったイメージで、社会を捉えることが難しくなってきます。

僕は「共異体」という概念が必要になってくると思っています。つまり、同一的な共同性が担保された純粋な社会共同体以上のモデルとしての「共異体」です。人間を取りまく世界が常に「人間以上（more-than-human）」であるように、日本列島の各地に形成されてきた社会は常に「共同体以上（more than community）」であったのではないでしょうか。

唐澤：「共異体」という概念を最初に使ったのは、小倉紀蔵さんでしたよね。

石倉：そうです。哲学者の小倉紀蔵さんは「共異体」という概念を、中国と朝鮮半島、極東の日本列島といった東アジア諸地域の広域共同体として概念化しました。[*9] かつて民主党の鳩山政権が「東アジア共同体」という理念を掲げた時にも、それに対する一種のオルタナティブとして、互いの差異を尊重する「東アジア共異体」を提起されていたわけです。僕は二〇一七年に、中国返還後二〇周年を迎える転換期の香港で「神話・歴史・アイデンティティ」について考えるアートプロジェクトで香港に滞在した時、韓国語と日本語の通訳者からこの概念を教えていただきました。この概念を知って、僕は大きな衝撃を受けたんですが、同時にこの概念を本来の文脈から大幅に拡張してみたいという誘惑に駆られました。つまり、この概念を、歴史と神話の関係、複数種の共生圏、身体と環境世界の関係など、これまで「同一性」の枠内で語られてきた物語をハイブリッドなものに書き換えるための概念に

*9 小倉紀蔵 2002『東アジアとは何か――〈文明〉と〈文化〉から考える』弦書房。

作り変えてみたい。そう思ったんです。

唐澤：「共異体」は華厳思想的という気がします。「共同体」は、同じ種のなかで、さらに同じ理念みたいなものを共有している集まりという印象ですが、「共異体」は、異種間同士の対称的なあり方、個々を単純に無化しないかたちでの異種間の共存のあり方、つながり合いみたいなものを目指していると感じます。華厳でいう「事事無礙法界」的なものを感じるんですが、石倉さんは「共異体」と華厳とで、何かつながりを考えられてたりするのでしょうか。

石倉：「共異体」というモデルは、個々の差異を解消することなしに、むしろ差異によってこそ個々の生命存在をつなぐことができるのではないか、という発想に基づいています。そして、そこには異なる存在論の接続を通じて、人類が蓄積してきた多種多様な科学の成果を排除せずに、どんなように各集団の神話やコスモロジーからも多元的な知恵を継承するか、という課題が含まれています。人間の共同体を中心に科学を語ろうとすると、そこに一神教の遺産である「絶対的な一者」の残滓として「単一の世界」という近代的前提を抱え込まざるをえなくなってしまいます。これは人類学者のジョン・ロー[*10]やアルトゥーロ・エスコバル[*11]が「単一世界の世界（One-World World）」というかたちで批判してきたように、地球を人間活動の背景として一元化し、植民地主義的な開発経済の枠組みを形成してしまう。

これに対して「野生の科学」というものがあるとすれば、その視点には人間の人間性を相対化するような、多次元性の政治が関与してきます。人間の共同体が宇宙の中心にあって、人間がすべてを俯瞰して自然をつくり変えていくのではない。そういった人間中心主義的な視点から離脱して、一種の共通世界を再発見していく時に、仏教が説いている非二元論や多元論が再発見されることになります。その内実に深く入り込んでいくためには、仏教の思想だけでなく、神話的思考や先住民のコスモロジーのように、科学的なロゴスの枠組みでは捉えきれない、「レンマ」の思考による「多元的宇宙（pluriverse）」の次元が現れてくる。このようにロゴスの物語で捉え切れないものをどう想像し、世界化のモデルとして実現していくのか。唐澤さんが一貫して取り組まれている南方熊楠研究や中沢先生の『レンマ学』[*12]のように、華厳思想を現代的に再発見していくことは「共異体」の現代的な問いに直結すると思います。

人類学者の大杉高司さんが「非同一性による共同体」[*13]、あるいは非本質主義的な「無為のクレオール」ということを提案されています。これは仏教が説いている「空の論理」や「縁起の法」といった、インドの古代宗教に対する、ブッダによる本質主義批判の問題と重なってくるのではないか、と昔から考えてきました。つまり、クレオールやハイブリッドの実相を見ていこうとする人類学的な同一性批判は、仏教的なロジックと親和性が高いと思えるのです。このような「非同一性」が担保されないまま、人間と非人間の集合体が実体化されてしまうなら、コーンの「森は考える」という議論は森全体を実体化して「森の神」という偶像の思考を想定することになってしまう。ところが、そうならないような仕組みがある種の社会集団にはあって、常に複数種が多元的に拮抗しながら、「開かれた全体性」が維持されるような状況が生まれている。ここにも「非同一性による共同体」あるいは「共異体」が生成しているのだと思います。

＊10　Law, John　2015　"What's wrong with a one-world world?" *Distinktion: Journal of Social Theory* 16(1): 126–139.

＊11　Escobar, Arturo　2018　*Designs for the Pluriverse: Radical Interdependence, Autonomy, and the Making of Worlds*. Duke University Press.

＊12　中沢新一　2019　『レンマ学』講談社。

＊13　大杉高司　2001　「非同一性による共同性へ／において」、杉島敬志編『人類学的実践の再構築――ポストコロニアル転回以後』、pp. 271-296、世界思想社。

植物の生態モデルとしての仏教

唐澤：なるほど、今仏教を複数種の問題と関連づけられていましたが、僕は「種（たね）」と関係しているのではないかと思いました。要するに、日本という神道の土壌に蒔かれた「種」で、それが土壌のエネルギーを吸い上げつつ、花を咲かせている。それがいわゆる神仏習合だとも言えるし、日本的な仏教を展開していく手法だと思っています。日本に仏教が入ってきて、どう花を咲かせていったのか。その手法を見ていく必要もありそうです。

石倉：確かに仏教を複数の「種」と考えるのは、とても魅力的ですね。僕は、仏教は地中に根茎をめぐらす植物のようなもので、そこからアジア各地の芸能や建築などが展開してきたのではないか、と考えたことがあります。僕は学生時代に北インドでフィールドワークをしていて、手持ちの金銭が尽き、大きな壁にぶち当たった時期に、仏教聖地のブッダガヤで行われていた仏教の祭礼に参加して、しばらく頭を冷やしていました。そんなぽっかりと空白が開いてしまったような体験をしていて、ふと気がついたことがあります。ゴータマ・シッダールタが悟りを開いたというブッダガヤの聖地には、大菩提寺という寺院の伽藍がありますよね。ご存知のとおり、その中心部には簡素な金剛座というブッダ成道のモニュメントがあって、その後ろに一本の菩提樹が生えています。もちろん、この樹は何代も植え替えられてきているのですが、それを見た時僕は「仏教とは、一本の樹なんだ」と理解しました。

ゴータマは、シャーキャ族の王子として城内で暮らしていた時も、想像を絶する苦行に取り組んでいた時も、結局悟りを開くことはできなかった。しかし、彼は苦行をやめて山から降り、この菩提樹の前に座った時にようやく、世界を貫いている縁起の法則を発見した、と言われていますよね。この有名な説話は、この地に生えていた菩提樹という植物をなくしては、決して語ることができないのです。ゴータマは、個人の心理的な葛藤を超えて、この一本の樹の下で世界のリアリティを悟った。僕はそのことに大きな意味があると思っています。僕が菩提樹の前で、茫然自失としていた時、周囲ではチベットやモンゴル、ネパール、中国、タイ、韓国、日本といったさまざまな地域から聖地を訪れた仏教徒たちが、それぞれ全然違うスタイルでお祈りをしていました。キリスト教やイスラム教の世界ではありえない光景ですが、それはまさに唐澤さんがおっしゃったように、仏教という種を各地の民衆が自分たちの思想や表現の大地に移植して、それぞれ異なる果実を育てているように見えたのです。

このように、仏教世界の多様性というのは実に大きなもので、ブッダガヤにある各国の寺院は全て建築様式が異なっているし、礼拝の仕方も微妙に異なります。そもそも経典も、多様な言語に翻訳されていますし、五体投地の作法も違う。しかし、お祈りをしている人たちは、同じように一本の樹の方を向いています。そこには、仏像も神像もなくて、一本の菩提樹が生えているだけだった。もちろん菩提樹の前には、金剛坐という簡素な「場所」があります。そこに一本の樹があり、人が座れる場所があるということ。つまり、「場所」と「植物」の関係から、すべての歴史がはじまっているということだと思うのです。神々からではなく、聖書からはじまっているわけでもない。土地に先住する「植物」と、人が座る「場所」だけがある。ブッダという存在は人間と地続きで、理論上は万人に開かれた「覚者」としての理想像です。このことは、誰もがこの菩提樹の下に座る権利と可能性を有している、という開かれたビジョンにつながってくる。

そう考えると唐澤さんがおっしゃったように、仏教という「種」を、あるいは菩提という「種子」を運んで、離れた土地に根付かせて、花を咲かせ果実を実らせていくという、魂の歴史が見えてきます。仏教が移植される大地は、古い時代から続く各地の神話と地続きです。ある土地から別の土地へと種を運ぶことや根を生やすこと。そこに育つこと。そして知恵の花を咲かせ、慈悲の実をならせること。世代を継いでいくこと。仏教からこういう可動的な植物の生態モデルが得られるのではないかと思っています。

宇宙の卵——神話を創作する

唐澤：言葉も違う、お祈りの仕方も違う人たちがいて、真ん中に仏像ではなく菩提樹だけというのは面白いですね。強力な中心ではない柔らかな中心が、逆に共異体的に人々をつなぎ合わせるものとして機能しているように思いました。「共異体」に関しては、〈Cosmo-Eggs｜宇宙の卵〉（第五八回ヴェネチア・ビエンナーレ国際美術展日本館展示[*14]）でも重要なテーマだったと思うんですが、これは作品内でどう実現されたのでしょうか。

石倉：そのように〈Cosmo-Eggs｜宇宙の卵〉というプロジェクトを読み込んでもらえて嬉しいです。「共異体」というものが実現されなかったことは、これまで一度もないと思っています。常にそこにあるものだという言い方もできると思います。かといって、それを実体化した時に、大きなものを失ってしまうかもしれない。「共異体」とは、架空の集合体であって、そこに創造の可能性がある、と理解するべきかもしれません。僕たちが「卵」というモデルにこだわったのは、そこにまだ生まれていない世界像を込めたかったからです。同時に、僕たちは沖縄の八重山諸島や宮古諸島に散在している「津波石」という小さな場所を手掛かりにしながら、人新世という時代に通用するような、具体的な共生と共存のイメージを共有したいと考えてきました。そもそも共同制作のきっかけになったのは、美術家の下道基行さんが沖縄の離島で撮影してきた「津波石」の映像作品のシリーズでした。

ご存知のとおり、「津波石」とは、かつて海の底にあった巨石が、大きな地震や津波の衝撃を通じて移動し、地表にもたらされたものです。つまり、この石は過去の大きな災害のモニュメントになっています。同時に、その津波石を撮影した下道さんの作品には、アジサシという渡り鳥が営巣している姿や、小さな生物が岩の上を這ってい

多良間島に残る「津波石」のひとつ。撮影：石倉敏明

る姿、岩に生えている苔や植物、農機具を使ってサトウキビを収穫する島民の姿、石の前で記念撮影する子供たちの姿も写っています。つまり、津波石とは異なるものの集合体、あるいは「共異体」という開かれた全体性のモデルを示すのにうってつけなミクロコスモスだったのです。科学的な視点から見れば、津波石の多くはもともと海中に沈んでいたサンゴ石灰岩で、海中の生物が化石化して付着しています。そもそもサンゴは褐虫藻という藻類と共生する生物で、津波の後に打ち上げられた陸上でも、多くの動植物と共生領域を形成していました。つまり、石の上に木々や植物が生い茂っていたり、さまざまな鳥類の生息地になっていたりもします。津波石は聖地として信仰されていたり、特別な埋葬場所とされたこともあります。そうかと思えば、児童が遊ぶ公園の遊具になっているし、多良間島には津波石を壁面に、手づくりの住居をつくって住んでいる方もいました。〈Cosmo-Eggs｜宇宙の卵〉というプロジェクトでは、服部浩之さんのキュレーションに

よって、そういった多種多様な存在へとつながっていく津波石のあり方を、人間と非人間の共生モデルの表現として提示しています。[*15]

こういった津波石の多様性を発見し、映像作品としてシリーズ化していた下道さんの活動への応答として、作曲家の安野太郎さんは現地で再録した鳥の声をもとに、卵生神話を彷彿とさせるような曲を作曲し、機械制御されたリコーダーで音楽が自動生成される装置を制作しました。建築家の能作文徳さんは、中心部が筒抜けになっている日本館という歴史的な建築物に対して、参加した作家たちのそれぞれのアプローチを丁寧に共存させるような、現代のエコロジー思想を体現する建築を制作しています。下道さんの作品を映す可動式のスクリーンやマップケースなどの機器、安野さんの音楽を生成するバルーンや空間内のリコーダーの配置も、すべて能作さんと作家たちとの共同制作です。僕は、宮古・八重山諸島や台湾でのフィールドワークから津波神話や卵生神話を収集し、そこから子宮からではなく卵という空間から新しい人類が生まれるという創作神話を作り、他の作家たちがそれを日本館の壁に刻んでくれました。こうして日本の最南端の島々で行われた津波石のフィールドワークを通して、美術家・建築家・作曲家・人類学者がヴェネチアでの展示プロジェクトを構築するのは、これまであまり行われたことがない、実験的な取り組みだったと思います。[*16]

唐澤：「共異体」は常にダイナミックで、ある意味プロセスそのものですよね。先日見たアーティゾン美術館での帰国展でも、プロセスが生き生きと描かれていたのが印象的でした。壁に〈Cosmo-Eggs ―宇宙の卵〉が展示されるまでのプロセス・タイムラインがずっと書いてあって、共異体的だと思いました。〈Cosmo-Eggs ―宇宙の卵〉がすごく面白いのは、常に変化していくところですね。真ん中のバルーンに人が座った時の空気が管を通ってリコーダーへ運ばれる。そしてそれぞれのリコーダーが反応し合って、常に違う音が出る。あれはまさに動的な様態を示唆的に表現されているものだと思いました。それから、スクリーンに付いている車輪、あれは動かさないのに動くという可能性を見せてるところがすごく面白い。止まっているけども動く可能性を示しているという意味で、静と動の共存、それは静止状態のなかにダイナミックな動きを想像させるような、とても共異体的な装置だと感じました。異なる専門性を持つ者同士が理解・制作・実践を共有する共異体的協働の方法を模索するなかで、石倉さんは創作神話をお作りになったわけですが、そこには「共異体」の概念はどのように反映されているのでしょうか。

石倉：このプロジェクトの特徴は、集中的なフィールドワークだけではなくて、日本の各地に分散して住んでいるメンバーが、オンライン上のコミュニケーションを利用して打ち合わせを続けてきたことにも現れていると思います。つまりその後、新型コロナウイルスで一般化したオンライン会議のような仕組みを多用して意思疎通を図ってきた、ということです。初回の打ち合わせも、僕は秋田からオンラインで参加しましたが、その時、二〇年ほど前に宮古諸島を旅行した時に聞いた「卵生神話」のことを思い出しました。この打ち合わせの時に決まった「宇宙の卵」というタイトルは、もちろん神話学上の「宇宙卵（Cosmic Egg）」を参照していますが、その背景にはこの「卵生神話」があります。池間島のウハルズ御嶽という場所と関連する日光感精説話で、少女が太陽を浴びて卵を生むという伝説ですね。創作神話のなかでは、同じ宮古諸島や近くの八重山諸島に伝わる津波伝承神話と一緒に取り上げられますが、その理由は、前者の「卵生神話」が世界のはじまりを、後者の「津波神話」が世界の終わりを伝え

＊14　Cosmo-Eggs | the Japan Pavilion, 58th La Biennale di Venezia.（https://2019.veneziabiennale-japanpavilion.jp/　最終アクセス日：二〇二一年五月二九日）

＊15　石倉敏明　2020「共異体のフィールドワーク――東アジア多島海からの世界制作に向けて」『Cosmo-Eggs | 宇宙の卵――コレクティブ以後のアート』下道基行・安野太郎・石倉敏明・能作文徳・服部浩之：175-183、torch press。

＊16　石倉敏明　2020「「宇宙の卵」と共異体の生成：第58回ヴェネチア・ビエンナーレ国際美術展日本館展示より」『たぐい』vol.2: 40-54、亜紀書房。

る神話だからです。

下道さんの映像作品も、安野さんの作曲した音楽の生成装置も、実は反復構造という共通点を持っています。僕が調査した「津波神話」と「卵生神話」は、それぞれ別の系統で一緒になることはないのですが、実はこのふたつを連続的に扱うことで、この地域に長い時間をかけて反復している地震や津波という災害、そしてそれを超えて生存し続けてきた人間とそれ以外の生物の歴史を喚起してみたい、と考えました。その後、少女が十二個の卵を産むという話が、偶然安野さんが展示空間内に設置した十二個のリコーダー装置と呼応したり、日本館の天井から差し込む陽光や卵の黄身のようなバルーンといった卵の隠喩的な視覚的要素がつながったりして、徐々に無意識の必然性や共同性を獲得していくことになりました。それでも、「津波神話」と「卵生神話」をつなぐミッシングリンクは、結局二〇一九年の一月に台湾を訪れるまではうまく発見することができませんでした。創作神話を作る期限が迫っていたこの時期、沖縄から国境をこえて台湾原住民の神話を現地で調査するなかで、偶然このふたつの話型をつなぐ神話が見つかりました。台湾の台東地域には、海岸部に転がる大きな石から先祖が生まれてきたとか、洪水の後に生き残った祖先が卵を産んだという格好のモチーフがあったんです。それは、まるで卵のように孵化する雛鳥のように、海の近くにある鉱物から祖先が現れるという神話群です。こうした台湾に伝わるいくつもの神話を見つけた時に、ようやく創作神話の全体像が浮かんできました。

僕は、自分が物語作者となって神話を書くというよりは、日本の南限に当たる先島諸島や国境を超えた台湾の神話を集めることによって、これまで国家単位で語られてきた神話を、島々のコスモロジーの感覚から再構築したいと思っていました。この作業は、最後に台湾で「石の卵」の神話を見つけたことによって、一気に進んで完成に向かいました。できあがった創作神話には、いわゆる民間伝承ばかりでなく、自分自身の個人的な想像やイメージが含まれていますし、今回関わったメンバーや現地の人々から聞いた出来事の断片が織り込まれています。また、東

〈Cosmo=Eggs ｜宇宙の卵〉展示風景。撮影：石倉敏明

展示室壁面に刻まれた創作神話。撮影：石倉敏明

アジアの日光感精説話が男性や女性の同性集団の結社と関係してきたことも、大きな意味を持っています。結果的に、今回は男性のメンバーばかりが集まったので、あえて子宮からではなく、卵から先祖が生まれたという話型に集中し、人間を超えた次元での誕生や生命について考えるという展開になっていきました。

唐澤：確かに〈Cosmo-Eggs 宇宙の卵〉のメンバーは男性だけですね。あえて同性集団で、異性性を考えるのは大事だと思いますが、もしメンバーに女性がいたら、また作品も少し違う感じになっていたかもしれません。「太陽を浴びた少女が卵を産む」という展開も、いろんな重要なエレメントが隠されているようで、面白いと思いました。太陽からの光という贈与によって、大人ではない少女が爬虫類のように卵を産む。これは人間の生理を優に超えている。贈与を起点にしながら、人間と非人間、大人と子供など、共異体的在り方を表現しているとも思えます。そこに大きなヒントを得て、石倉さんは創作神話を作ったのだと思います。人類学者が神話を創作するのは、なかなか勇気がいることだと思ったのですが、他の人類学者から何かコメントはありましたでしょうか。

石倉：生産的な批評はいくつもありましたが、非難の類は一切無かったですね。今の日本の人類学は、従来の制度から発展して表現方法を多元化・豊穣化していこうとしています。ですから、僕たちの仕事も、アートと人類学の協働を探ろうとしている一連の実験的な流れの一部として受容されているのかもしれません。もちろんこうした実験の先駆けとして、中沢先生がアーティストのマシュー・バーニーに向けた創作のユーカラ[*17]をはじめとする、批評的な考察と詩的実践のあいだに位置づけられるような、一連のテキストが存在しているはずです。上橋菜穂子さんみたいに小説や物語を書いたりするような人類学者もいらっしゃるし、人類学者シオドーラ・クローバーとアルフレッド・クローバーの娘であるアーシュラ・K・ル＝グウィンの『ゲド戦記』[*18]にも、神話的な要素はふんだんに盛り込まれています。そういう創作的なテキストと、人類学的な記録としての民族誌をつないでいくような回路が、「表象の危機」以後に数々の苦闘を通じて獲得されてきました。二〇世紀後半から二一世紀の頭にかけて、人類学・

歴史学・神話学・考古学・社会学・精神分析学・芸術学などが再構築の時代に入ってきて、そこで生まれてきたひとつの可能性として、創作実践があるはずです。

唐澤：石倉さんより前に、中沢先生も創作テキストを発表されていたのですね。よく考えたら「四次元の賢治」[*19]も、それに近い表現な気がします。中沢先生は、いち早く宮沢賢治や南方熊楠に可能性を見出し、再評価するテキストを発表し続けているのだと思います。

石倉：そのとおりです。そして中沢先生も、多くの先人からその精神を受け継いできたのだと思います。例えば民俗学の方でも、柳田國男と佐々木喜善の『遠野物語』[*20]から折口信夫の『死者の書』[*21]まで、ストーリーテリングを組み込んだ学問の系譜が作られてきましたし、フランスの人類学ではレヴィ＝ストロースやフィリップ・デスコラが、非常に詩的な創造をテキストに組み込む方法に挑戦してきました。ルーマニア出身のミルチャ・エリアーデのように、学術と文学の両輪から研究を深めていった宗教学者もいます。そう考えると、ストーリーテリングをもう一度見直してみるのも、芸術人類学のひとつの重要な課題と言っていいと思います。また、複数の種との関係や視覚的な媒体以外の表現方法、音楽や演劇、現代芸術や環境デザインなどの領域と人類学的実践の協働も、これから大きく発展していく見込みがあると思っています。そのためには、人類学を知的生産に閉じ込めるのではなく、他の学

＊17　中沢新一　2006『芸術人類学』みすず書房。
＊18　ル＝グヴィン、アーシュラ・K　2009『ゲド戦記』全六巻、清水真砂子訳、岩波少年文庫。
＊19　リボーンアートフェスティバル　2019『四次元の賢治 完結編』(https://2019.reborn-art-fes.jp/music/opera　最終アクセス日：二〇二一年五月二九日)
＊20　柳田國男　2004『新版 遠野物語　付・遠野物語拾遺』角川ソフィア文庫。
＊21　折口信夫　2017『死者の書』角川ソフィア文庫。

問領域とアートを架橋するような、越境的インターフェイスとして鍛えていく必要があると考えています。

唐澤：僕が研究している南方熊楠という存在との接点も、そのあたりに隠されているように感じます。ストーリーテリングの可能性は、熊楠が膨大な書簡や記録を通して実現してきた、まだ未開拓な知の領域にも含まれているように思えるのです。また熊楠が粘菌研究をとおして生命のロジックを掴み取っていったように、科学とさまざまなアートの領域を結んでいくような視点も、これから大事になっていく予感がしますね。今日はありがとうございました。

第八章　エコクリティシズムのアクチュアリティ

結城正美
江川あゆみ（聞き手）

結城 正美　Masami Yuki
青山学院大学教授。専門は環境文学、エコクリティシズム、アメリカ文学研究。主な著書・論文に、『水の音の記憶　エコクリティシズムの試み』（水声社、2010年）、"Meals in the Age of Toxic Environments." *The Routledge Companion to the Environmental Humanities*（edited by Ursula Heise, et al., Routledge, 2017）などがある。主な訳書に、デイヴィッド・エイブラム『感応の呪文〈人間以上の世界〉における知覚と言語』（水声社、2017年）などがある。

江川 あゆみ　Ayumi Egawa
早稲田大学大学院教育学研究科博士後期課程。立教大学ESD研究所研究員。大東文化大学研究補助員。専門は社会学。近代日本の自然環境、動物をめぐる文化、文学を社会学的に研究している。主な著書・論文に『未来を拓く児童教育学：現場性・共生・感性』（目白大学人間学部児童教育学科編、三恵社、2015年［分担執筆］）、『未来へ紡ぐ児童教育学』（目白大学人間学部児童教育学科編、三恵社、2018年［分担執筆］）などがある。

エコクリティシズムとマルチスピーシーズ

江川あゆみ（以下、江川）：「エコクリティシズム」と呼ばれる文学研究の、日本における牽引者のお一人である結城正美さんに、エコクリティシズムとは何かについて、またご自身の研究について、そして近年、日本でも実践の蓄積が見られる「環境人文学」について伺っていきたいと思います。まずは、エコクリティシズムがどのような文学研究か。それが成立した背景や、これまでどんな展開を見せてきたのかをお聞かせください。

結城正美（以下、結城）：包括的に言えば、「エコクリティシズム」は人間と環境との関係をめぐる文学研究です。研究が組織的にはじまったのは一九九〇年前後です。一九六〇〜七〇年代に、それまでの白人男性作家中心の文学研究が見直され、人種やジェンダーの問題に目が向けられる修正主義的な動きがありました。環境の時代が世界的に幕を開けた一九七〇年代から、今エコクリティシズムと言われているような研究が個人レベルでは存在していました。しかし、九〇年代に学会など研究交流の場ができて、相互参照や共同研究が進んでいきました。エコクリティシズムはいくつかの変化を経てきました。これは波のメタファーで語られることが多く、「第一波」からはじまって、現在を「第四波」と位置づける人もいます。最初期の第一波では、人間と環境の関係と言う時、環境という言葉は主に自然環境、特に野生の環境を指していました。研究者も白人研究者が中心でした。その後、エコクリティシズムの内部から、自然環境に焦点を当てることを批判的にとらえる動きが出てきます。社会環境を視野に入れて、人種やジェンダーの問題も環境問題に結びついているという認識が共有されていきました。それとともに、研究者も人種やジェンダーの点で多様化し、国や地域も脱アメリカ中心的な広がりをみせます。なので、エコクリティシズムは非常に多様化している文学研究だと言えるでしょう。

エコクリティシズムには、文学研究における「キャノン（正典）」の問題も含まれています。文学研究と言うと小説が対象に据えられることが多い。しかし、エコクリティシズムでは英語でいう"literature"（書かれたもの一般）が研究対象である点が大きな特徴です。初期の頃に注目されたのは、「ネイチャーライティング」と呼ばれる自然環境についての一人称ノンフィクションエッセイでした。ノンフィクションエッセイは、文学研究でほとんど取り上げられてこなかったのですが、エコクリティシズムでは一人称ノンフィクションエッセイにこそ、人と環境との関係をめぐる深い思索が織り込まれていると考えられてきました。他にも、映画や漫画、アニメなどの文学表象に関わるものまで、広くエコクリティシズムの検討題材になっています。

私が今お話ししていることのほとんどは、エコクリティシズムの生みの親といえるシェリル・グロトフェルティの共編著 *The Ecocriticism Reader* [*1] のイントロダクションに書かれています。彼女は、エコクリティシズムの特徴として open and suggestive であることを挙げています。端的に言えば、間口が広い、ということです。エコクリティシズムという言葉自体に縛りがあるとして、「文学・環境」（literature and the environment）という表現が好まれることもあります。オープンであることは、他分野との関連を重視する姿勢を含んでいますので、学際的なアプローチをとることもエコクリティシズムの特徴です。また、オープンであるとは、研究者だけで議論するのではないという意識も指しています。エコクリティシズムは環境の問題に関わるわけですから、研究者以外の人たちと交流することが重要になる。一方、それが裏目に出て、文学批評理論として洗練されていないという批判が、エコクリティシズム内部から生まれたのも事実です。二一世紀に入り、国や地域の枠組を越えたトランスナショナルな視点が出てきました。人種問題が環境問題に関わっているという認識のもと、人種、経済、政治等が複雑に絡み合った環境の問題に目を向ける研究が見られるようになりました。グローバルな地球環境問題への関心の高まりと、軌を一にしていると思います。

エコクリティシズムや「環境人文学（Environmental Humanities）」で醸成されている概念や切り口が持つ可能性として、私は、従来論じられていたことを新たに捉え直して議論を活性化するはたらきに注目しています。例えば、奥野克巳さんを中心に日本で進められているマルチスピーシーズ研究。「マルチスピーシーズ」は、日本の環境文学の代表的作家である石牟礼道子さんの作品を論じる際にも使える概念だと思います。

石牟礼作品では、人間とノンヒューマンの交流が描かれています。石牟礼作品はこれまで「アニミズム」や「共生」、あるいは水俣病の問題では「共苦」といった概念で、文学だけではなく社会学など多分野で議論されてきました。同時に、そうした議論は前近代を理想化しているとして批判されてもいます。しかし、「マルチスピーシーズ」という枠組みで捉え直すと、批評的距離が生まれます。対話のプラットフォームが開けてくるのです。「共生」として語られてきた石牟礼作品のある一面を「マルチスピーシーズ」の見地から語ることで、より広い分野や世代の人たちと話ができるという感触をもちました。この「マルチスピーシーズ」という概念が提起する問題について、少しお話をさせてください。

＊1　Glotfelty, Cheryll and Harold Fromm（eds.）1996 *The Ecocriticism Reader: Landmarks in Literary Ecology*. University of Georgia Press.

まだ勉強中ですが、「マルチスピーシーズ」というのは「種」という概念自の問い直しを含む動きであると理解しています。「人新世」の問題は、現在エコクリティシズムでも環境人文学でも議論されています。その根底にあるのは、人類と言う時、集合体としての人類とは誰のことか、という問いです。歴史家のディペシュ・チャクラバルティが言っていますが、現代に生きている私たちは、これまで一度も人間を「種」と捉えてきたことはないのではないか。[*2] 人新世を「種」としての人間が geological force（地質学的脅威）になった時代と捉えるシナリオに対して、マルチスピーシーズ研究がどう切り込んでいくのか関心があります。人間を「ひとつの種」として見るという問題を考える時、やはり石牟礼道子を参照したくなるのです。石牟礼作品には虐げられている人々が多く描かれます。社会的に差別を受けている人々、例えば水俣病患者であったり、狂人だと思われていたりする人は、他者を同じ人間として見ているところがあります。少なくとも石牟礼作品ではそう描かれています。

例えば、水俣病患者がチッソ[*3]の社長に「同じ人間として自分たちのことを考えてもらいたい」とか、「同じ人間としてこの苦しみを一緒に考えてもらいたい」と言います。同じ人間としてチッソの社長や役員と向き合っているわけです。ですが、チッソの社長たちは彼らを人間扱いしていなかった。だから、平気で有害物質を垂れ流していたわけです。被差別者が他者と「同じ人間」として向き合う時、そこには「ひとつの種」と言える広い人間のとらえ方がある。そして石牟礼の描くそういう人々の世界には、タコやキツネや馬酔木との交流があり、マルチスピーシーズの世界が描かれている。ですから、科学的な「種」の再考を含めて、人間をひとつの種としてとらえることを学ぶうえでも、石牟礼作品は示唆的だと思います。人類が地質学的脅威となった人新世について議論をする時に、自分たちが「ひとつの種であるとはどういうことなのか」という問題についても考えなくてはいけない。その時にエコクリティシズムが重要な役割を果たすと思っています。

江川： エコクリティシズムからのマルチスピーシーズ人類学の捉え返しはとても示唆に富んでいると思いました。

ところで、結城さんご自身がエコクリティシズムをはじめたきっかけはどういったものなのでしょうか。

結城：私はもともと田舎の育ちです。川や原っぱ、田畑や山などで毎日遊んでいました。今思えば、非常に恵まれた子ども時代だったと思います。家のぐるりに小魚が泳ぐ小川があって、祖母はそこで洗濯をしていたし、母は鍋を洗っていた。小川といっても生活に必要な水を引く用水路ですが、側面に苔が生え、タニシがくっついているような、本当に楽しい小川でした。家の敷地内を流れるその小川で、裸になって遊んでいました。ですが、小学校高学年の頃に、そこがコンクリートで三面張りにされてしまいました。小魚は姿を消し、時期になると湧いて出ていたホタルもいなくなりました。それには衝撃を受けましたし、怒りも感じました。なんでこんなことをするんだと。小学生の私は、建設会社が工事する現場を見ていて、言葉にならないモヤモヤしたものを感じていました。しかし、どうすることもできず、特に行動を起こすわけでもなく、そのモヤモヤをずっと抱えることになりました。

大学に入り、師匠である野田研一氏の授業がきっかけで、アメリカ文学を専攻するようになり、修士課程に進みました。修士論文を書いている時、シェリル・グロトフェルティとともにエコクリティシズムの草分けであるスコット・スロヴィックの集中講義がありました。そこで環境文学作品をたくさん読んで衝撃を受けました。「これも文学なのか」と、私の文学観が音を立てて崩れました。でも、それらを読みながら、幼少期に感じた「なんできれいな小川をこんな風にするんだろう」というモヤモヤに意識が触れたのです。そして気づいたらこの道に進んでいました。ですから、自分の経験と学問としてのエコクリティシズムは分離していない。後付けかもしれませんが、分離していないところに魅力を感じたのかもしれません。エコクリティックには、プライベートな生活と研究者を

＊2　Chakrabarty, Dipesh　2009　"The Climate of History: Four Theses." *Critical Inquiry* 35(2): 213-222.

＊3　一九六〇年代に、チッソ株式会社の水俣工場が触媒として使用した無機水銀の副生成物であるメチル水銀を含んだ廃液を、無処理のまま海に垂れ流したため、水俣病を引き起こしたとされている。

分けていない人が少なくありません。環境の問題は人間の問題であり、ローカルであると同時にグローバルであり、パーソナルなものとプロフェッショナルなものが絡み合っている。そのスタンスに惹かれて、気づいたらそっちに進んでいたという感じです。

江川：結城さんは博士論文をサウンドスケープについて書かれ、そこから関心が多岐に広がっていかれたように思います。もし関心が広がるきっかけになった人や作品との出会い、あるいはご経験などがあれば、お聞かせください。

結城：最初にサウンドスケープやアコースティックエコロジーに関心を持ったのは、修士課程でランドスケープについて学んだことと関係していると思います。指導教授の野田先生が「文学におけるランドスケープ」の問題を専門としていて、風景論について講義を受けました。その時に「なぜ見ることばかりなのだろう」と疑問に思ったのが出発点かもしれません。視覚中心主義は差別の問題とも関わります。ですので、視覚とは別の感覚経験から文学研究ができないかと考えていたように思います。

ちょうどその頃、テリー・テンペスト・ウィリアムスという作家の作品を読んでいたことも聴覚的経験に関心を持った理由だと思います。この作家は先住民文化に造詣が深く、彼女の作品を読みながら、先住民の口承文化や、「耳を傾ける」という態度に、非常に関心を持ちました。また博士後期課程留学先のネヴァダには先住民が多く、アジア系の私は親近感を持ってもらえたのか、部族の集まりに参加させてもらえました。先住民文化に関心を持ち、そういう出会いもあって、サウンドスケープの問題に行き着いたように思います。日本に帰ってきてからは、アメリカの環境文学ばかり研究していても、どことなく机上の空論という感じがしました。環境の問題はローカルな問題でもありますから、日本のことにも目を向けないといけないのではないかと思ったわけです。そこから、日本文学とアメリカ文学を比較研究的に見るスタンスにシフトしていきました。それで石牟礼道子や森崎和江の作品を研究するようになりました。

エイブラム『感応の呪文』とMore-Than-Human

江川：結城さんはデイヴィッド・エイブラムの *The Spell of the Sensuous* を翻訳出版されています（日本語訳『感応の呪文』[*4]）。訳者あとがきでは、この本が"More-Than-Human"（人間以上）という言葉を学術的に用いた最初の著作だと書かれていましたが、この"More-Than-Human"という概念についてお話しいただけますか。

結城："More-Than-Human"は、おそらくマルチスピーシーズと非常に近い概念だと思います。とはいえ、全く同じではありません。マルチスピーシーズでは、種という概念の見直しも含めて、人間も「ひとつの種」と考えることが根底にあります。"More-Than-Human"は、人間がいて、しかし人間だけではなく、それ以上の存在がいるということでしょうか。指しているのはそれほど違わないのですが、開かれ方が少し違うイメージだと思います。『感応の呪文』の章のひとつは、一九九八年に出版された『緑の文学批評』[*5]という、エコクリティシズムの主要論文のアンソロジーに入っています。私は翻訳を担当し、エイブラムの議論が非常に優れていると感じていました。そのうちいろんな人の書くものに"More-Than-Human"という言葉が出てきたのですが、ほとんどエイブラムへの言及がない。それほど一般的な用語として流通しはじめたということです。しかし、日本ではまだほとんど使われていませんでした。なぜ日本で"More-Than-Human"という概念が使われないのか考えた時、エイブラムの翻訳が

＊4　エイブラム、デイヴィッド　2017　『感応の呪文――〝人間以上の世界〟における知覚と言語』結城正美訳、水声社。

＊5　フロム、ハロルド、ローレンス・ビュレル、ポーラ・G・アレン　1998　『緑の文学批評――エコクリティシズム』伊藤詔子・吉田美津・横田由理共訳、松柏社。

ないからだと気づいたのです。重要な概念は、研究書が翻訳されているから広く使われるわけで、これは自分で翻訳しようと思いました。

『感応の呪文』は、エコクリティシズムの「ナラティブ・スカラシップ」に相似したスタイルで書かれているのが、面白いところです。ナラティブ・スカラシップとは、従来の学術スタイルとは異なり、作品に描かれている場所に研究者が身をおき、文学テクストとそのテクストに影響を与えている場所というふたつのフィールドで分析を行い、その時の経験や思考の揺れをテクスト分析に織り込む研究手法です。ですから、そこにはパーソナルな思索が含まれています。ナラティブ・スカラシップは、現在ではエコクリティシズムで一般的になりつつありますが、『感応の呪文』が出版された一九九六年当時はめずらしかった。

この本は、エイブラムが博士論文を発展させたものだと思います。博士論文は学術的に書くことが求められています。しかし、その後に発展された『感応の呪文』を読むと、執筆スタイルがかなり工夫されていることがわかります。まずイントロダクションが、学術的なイントロダクションとナラティブ・スカラシップ的なパーソナルなイントロダクションの二通りあり、各章も学術的な章とパーソナルな章が交互に配置してあります。学術的に書こうとすると漏れてしまう思索の部分を取り込もうとしている。その試み自体が"More-Than-Human"への接近に必要な手続きだったのでしょう。

従来の学術的方法では、おそらく"More-Than-Human"に接近することができない。つまり、あの本のスタイル自体が"More-Than-Human"なるものへのアプローチを示すひとつのかたちなのだろうと思います。日本だと、管啓次郎さんの論考は初期の頃からナラティブ・スカラシップ的ですね。

江川：結城さんは今まで単著を二冊出版されていますが、二冊目の『他火のほうへ』[*6]では、食や汚染に関する論考と作家のインタビューが並べられています。その構成は、食を描いた文学テクストとの対話と、そのテクストを生み出した作家の身体的環境との対話を重視したものだと書かれていますね。ここにはacademicの言葉の語義とされる「研究のことばかり考えて外の世界を忘れてしまう」研究スタンスではなく、研究者による批評的モノローグにならないよう、他者に対して開かれた研究者の姿があるように思います。対象へ身体的に参与していくこうした批評のスタンスから、文学から見た食の問題、汚染の問題、核・原発の問題へのアプローチなど、これまで取り組んでこられたことについてお聞かせいただけますか。

結城：食の問題と汚染の問題はつながっています。これもきっかけは石牟礼文学でした。特に『苦海浄土』[*7]の「水俣病わかめといえど春の味覚」という、忘れがたいフレーズ。なぜ有機水銀で汚染されていると分かっているのに、水俣の漁村の人たちは海のものを食べたのかと、不思議で不思議で仕方がなかった。その疑問が食と汚染の問題への関心に発展していきました。食と汚染に関する議論では、食の安全性やリスクに焦点が当てられますが、水俣病わかめの問題は、それからことごとく外れます。社会的に非常に影響が大きく、読み手の心を揺さぶる石牟礼さんの文学世界に描かれている「水俣病わかめといえど春の味覚」というのは、どういう食の風景なんだろうと思い、

＊6　結城正美　2013『他火のほうへ――食と文学のインターフェイス』水声社。
＊7　石牟礼道子　2004『苦海浄土――わが水俣病』講談社文庫。

食と汚染について考えはじめました。これが私の食をめぐるエコクリティシズムの原点です。

汚染への関心はそこからさらに膨らんで、今取り組んでいるのは放射性物質による汚染の問題です。これには文学研究だけでなく、対話活動という点からもアプローチしています。エコクリティシズムの研究者の間では、「エコクリティシズムとは何か（What is ecocriticism?）」だけでなく、「エコクリティシズムは何をするのか（What does ecocriticism do?）」ということが、初期の頃から問われています。いろいろなタイプのエコクリティックがいますが、私自身は doing の方にいく傾向がある。専門として文学研究に従事していますが、それが社会的対話につながるような場には積極的に参加してきました。そのひとつが高レベル放射性廃棄物の地層処分の問題です。高レベル放射性廃棄物は地上に保管しておくわけにいかない。テロなどで狙われると大変なことになります。今すぐにでも処理しなくてはいけない。地下五〇〇メートルくらいのところに安全な形で隔離する地層処分が国の方針として選択されましたが、場所の選定は進んでいません。埋める場所を決めるうえで多くの人との対話が必要ですが、その対話が成り立たない。高レベル放射性廃棄物は「原発のごみ」とも言われます。地層処分は、原発の問題ではなく、ごみの問題なのですが、やはり原発と関わるために、賛成・反対という対立軸が持ち込まれます。対立の場になってしまうと、当然ながら対話は進まない。でも地層処分をめぐる対話は絶対に必要なので、対話が生まれるコモングラウンドの研究に取り組んでいます。

二〇一九年の秋に福井県鯖江市で開催された、原発のごみを考えるシンポジウムに参加しました。福井は原発銀座と呼ばれるほど原発が集中しています。ですから、登壇者はみんな結構ピリピリしていて、そのパネラーの一人がNUMO（原子力発電環境整備機構）という地層処分を進める組織の方でした。NUMOの方たちは、日本各地で地層処分に関する対話型説明会を行っています。当然ですが、「非常に安全な技術で埋めますから、どうぞご安心ください」という説得姿勢です。司会は作家の田口ランディさん。私はランディさんと一緒に何度か対話活動に参加していますが、彼女は分かりやすい言葉で重要なことをお話しになるので適任でした。そして、私は文学研究でこういった問題に関わる立場から、パネラーの一人として参加しました。

その時に、表面的な話をしても対話にならないと思ったので、私が少し誘導尋問みたいなことをしたのです。「ウランの身になって考える」という視点を示して、そのことを説明するために、アメリカのネイチャーライターであるアルド・レオポルドの "Thinking Like a Mountain"（「山の身になって考える」[*8]）というエッセイを紹介しました。このエッセイは、何万年、何十万年と生態系のあり方をみてきた山の見地に立った時に、人間の行いがどう見えてくるかということを主題にしています。それで私は「原発のごみを安全な形で埋めるといっても、埋められるウランの残りかすにしてみれば、人間のために徹底的に搾り取られた後に、ごみとして埋められるって、やってられないんじゃないですか」と言いました。

すると驚いたことに、ＮＵＭＯの方が「自分がウランだったら、これだけ人間に貢献したのにごみとして捨てられるって、ふざけんじゃねーって言いたい」と答えたのです。その時にはじめて、ＮＵＭＯの方と通じ合ったという感触を得ました。対話の場が開けるかもしれないと感じたのです。地層処分の対話の場を作るのに、文学が有効な手段になりうると思いました。批判的な物言いだと喧嘩になってしまうので、文学を媒介に「こういうふうに語っているエッセイがあります」と言ってみる。対話を進めるためのコモングラウンドを形成する時に、文学が果たす役割は小さくないと思いました。このように、今はエコクリティックという立場で作品分析をしながら、そこで培ってきた考え方をアクチュアルな問題につなげることを試みています。

＊8　レオポルド、アルド　1997「山の身になって考える」『野生のうたが聞こえる』新島義昭訳、pp.204-209、講談社学術文庫。

環境人文学と里山研究

江川：最後に「環境人文学」についても聞かせてください。環境人文学は二一世紀に入ってからはじまった人文・社会科学分野の協働の動きで、環境をめぐる文化的・哲学的枠組みを学際的アプローチから探ろうとするものですが、結城さんも里山についての協働的研究を実践され、その成果を共編著『里山という物語』[*9]として出版されています。この取り組みについても聞かせください。

結城：『里山という物語』は、歴史学者の黒田智さんとの共編著書で、他の分野の研究者にも参加していただきました。環境人文学という協働の取り組みはオーストラリア、北欧、北米でかなり盛んですが、それぞれ地域ごとに特色があります。例えば、オーストラリアでしたらアボリジニの問題がかなりフォーカスされていますし、北欧ですと寒冷地特有の問題と気候変動、北米でもロサンゼルスならアーバンネイチャーなど、その地域特有の環境に関わる問題が扱われています。

当時勤務していた金沢大学は、キャンパスが里山にあり、里山の実践的研究も活発でしたので、里山の人文学的研究は金沢でやるべきだろうと問題意識を共有する研究者が集まって取り組みました。里山が無批判に共生と結びつけられるのは危険だという共通認識があり、里山を言説や歴史の観点からきちんと分析をしなければと考えたのです。その成果をまとめたのが『里山という物語』です。環境人文学は研究分野ではなくプラットフォームです。問題意識を共有する研究者が集まって協働しながら研究を深めていく場なので、問題意識が共有されていないと成り立ちません。専門知を深めて共有することと、実際に起きている問題への理解が、協働には必要です。そこでいう問題はローカルなものもあれば、惑星規模の気候変動や、先ほどお話しした放射性廃棄物の地層処分のような問題もあるわけですが、里山は金沢という場所にあったテーマでした。いずれも、アクチュアルな問題に向けた研究であり、対話のコモングラウンドを探る環境人文学的プロジェクトなのです。

江川：文学的想像力を対話の場に用いていくということですね。それは文学的想像力が社会に対して何ができるかという問いへのひとつの答えかもしれません。本日は大変興味深い話をお聞かせいただき、ありがとうございました。

＊9　結城正美・黒田智編　2017『里山という物語——環境人文学の対話』勉誠出版。

第九章　仏教哲学の真源を再構築する

――ナーガールジュナと道元が観たもの

清水高志
師茂樹（聞き手）

清水 高志　Takashi Shimizu
東洋大学教授。井上円了哲学センター理事。専門は哲学、情報創造論。主な著書に『実在への殺到』（水声社、2017年）、『ミシェル・セール　普遍学からアクター・ネットワークまで』（白水社、2013年）、『セール、創造のモナド　ライプニッツから西田まで』（冬弓舎、2004年）、主な訳書にミシェル・セール『作家、学者、哲学者は世界を旅する』（水声社、2016年）、G.W. ライプニッツ『ライプニッツ著作集第Ⅱ期 哲学書簡　知の綺羅星たちとの交歓』（共訳、工作舎 、2015年）などがある。

師 茂樹　Shigeki Moro
花園大学教授。専門は仏教学、人文情報学。主な著書に『論理と歴史　東アジア仏教論理学の形成と展開』（ナカニシヤ出版、2015年）、『『大乗五蘊論』を読む』（春秋社、2015年）などがある。

離二辺の中道――二項対立に還元しない思考

師茂樹（以下、師）：最初に、現代哲学を研究されている清水さんが、しばしば東洋の古典、特に仏教などを使いながらご自身の哲学を展開されているのには、どういった背景があるのかということから、お話を聞かせいただければと思います。

清水高志（以下、清水）：そうですね。子供の頃からインドの古典に親しんでいたというのもあるんですが、そもそも欧米の現代思想自体が、だんだん今世紀になって東洋的なロジックを再びなぞりはじめているところがあるように私は感じています。主客二元論とか、二元論的思考を超克するというようなことは、これまで二〇世紀までの思想でも主張されてきたし、もちろんドイツ観念論にもそうした考え方はあるわけですが、主体と対象のように相反する二極があると、その両者の拮抗した境界を曖昧にし、間を取るというもの、《a》かつ《非a》みたいなものを考えるというものが多かったのですね。例えば、デリダの脱構築主義というのもそういうものだと思います。しかし、インドの伝統的な思考には、《a》でも《非a》でも《aかつ非a》でもない第四の「テトラレンマ」というものがあって、それは《aと非aのどちらでもない》というものです。論理的思考というのは《a》か《非a》

かを定めるものだというのが西洋の伝統的な考え方で、《a》か《非a》かのどちらかを取ったらもう間は成立しないというのが排中律ですが、それではインド人は納得しないのですね。《a》にも還元されないし《非a》にも還元されないのは何かということを、彼らは常に考え続けているのです。ところが現代の哲学もまた、そういうことを考えるようになってきています。グレアム・ハーマンのような哲学者は、対象というものがあると、それは内的構成要素にも還元されないし、それを取り巻く外的文脈にも還元されない、そうした中間的統一体がオブジェクトである、ということを言います。これまではいずれかへの還元主義だったというのですね。さらに小さい原子のようなものであっても、色々な性質の集合体としてあるのだから被構成的でもあり、だんだん大きなものへとボトムアップしていく出発点であるわけでもなく、どんなものも内部と外部の両要素に還元されない中間的なものとしてあって、そうしたものが相互包摂し合って全体としての世界ができている、と考えるわけです。これはある意味でネットワーク的な世界観とも取れる思想だし、《一と多》という問題にもつながる。仏教が考えてきた世界にも非常に近いと思うんですよね。

私は何年かごとのサイクルで、仏教のことしか考えられないくらいに仏教にのめり込んでいることがあって、特に道元やナーガールジュナは去年からずっと読んでいます。ブッダの思想はその断片しか伝わっていなくて、そのひとつが「離二辺（りにへん）の中道（不常不断）」で、要するに《ある》ということと《ない》ということのどちらにも世界を還元してはいけないという独特の考え方。もうひとつはいわゆる「縁起」です。十二支縁起の思想が当時からあったらしいということしか分からない。初期の部派仏教のいろいろな哲学はそこから発達してきたわけですが、そのなかでさきほどお話しした排中律をいかに超えるか、二項対立のどちらにも還元されないかたちで排中律をどう超えるかという問題は、非常に大きかったのではないかと考えています。例えば、ナーガールジュナがおもに批判している説一切有部（せついっさいうぶ）の時点で、もうそういう試みが出ていたのではないかというふうに思います。西洋のロジックで普通に判断をするという場合、「ソクラテスは人間である」といったように、述語のなかに個別の主語が包摂されて、それが《判断》というふうにみなされますよね。この時、人間のなかにソクラテスが入ったら、ソクラテスは非人間であるというところには二度と行かない。これが排中律的なロジックです。さらに「ソクラテスは人間である」「人間は死ぬものである」という具合に、この論理は階層性を持つことにもなります。これに対して、実はインドの否定形というのはそういうロジックだけじゃないといわれている。《これは壺である》という場合の否定形と、《ここに壺がある》という場合の否定形は違うとインド人は考えるらしい。

師：そうですね。もともとインドの文法学派で出された考え方で、絶対否定と相対否定みたいな言い方をします。否定をすることによって何か別のことを肯定してしまうという否定のあり方と、単に否定しているだけで別のことを何も言っていない否定の仕方があるということですよね。

清水：そうです。ここにはふたつの考え方があるんですよ。主語のほうに複数の性質を帰して、「それ（主語）にはこういう属性がある」という言い方をする哲学もあります。シェリングはむしろそういう考え方をしました。例えば、「二等辺三角形は三角形である」という場合、主語《二等辺三角形》が述語《三角形》に属するようなのだけれども、「等しい二辺からなる図形である」という言い方もでき、この時のグループのうちには正四角形や正六角形といったものもいっぱいあるかもしれない。こんなふうに主語がひとつの述語に属していくだけじゃない、むしろ主語のほうにいろいろな性質が属しているという考え方もできるよ、ということを言う人はいるんです。ここで重要なのは、要するに述語で「何かがある」という時、それが主語に属するという考え方をされた場合には、排中律が適用されないということです。説一切有部の思想には「法有（ほうう）」というものがあります。彼らは《〜がある》という、この《ありよう》を主語化するのです。主語化して、そのなかにこういう《ありよう》があるというかたちで、さまざまな現象が起こってくるとする。そうやって彼らは《ありよう》やはたらきの主体、原因として、排中律を超えたものの存在を見出していくわけです。こうして生まれた主体（主語）においてこそ《ありよう》はあるし、この主語は西洋的な論理学で扱われるもののように階層性もないから、否定判断の対象とすることもできない。そのような主語として思考されえたならあるとしか言えない。そうしたものが彼らの言う「法有」だし、彼らはそれによってこの世界そのものを肯定しようとしたんじゃないかと思うのです。

ナーガールジュナ『中論』の論理性

清水：けれども、それに対してナーガールジュナによる述語、《ありよう》の主語化の批判というものが仏教にはあって、それを『中論』[*1]の第二章がどれくらいしつこくやっているかということを私は考えてみたんですよ。彼は主語が二重になるとか、はたらき、つまり《ありよう》が二重になるとか変な言い方をするじゃないですか。あれは何を言っているかというと、例えば、《はたらきa》があって、それを《主語a》に主語化してしまうわけですよ。主語化してしまうのは、それを原因とするということなんですけど、その後、今度は《主語a》をこれが最初からあったかのように持ってくるわけです。それを《主語a2》とします。そうすると、それが最初にあったかのようにしてここからはたらきが出てきたという説明がなされるわけです。これは実際には、《はたらきa2》ですね。ここは実は循環しているんですが、《主語a》と《主語a2》、《はたらきa》と《はたらきa2》は、ここで二重になっているんじゃないかという言い方をナーガールジュナはしているのですね。はたらきから主語を作ったのに、主語からはたらきが出てきたというのだから、これは《はたらきa2》ではないか。ここで主語とみなされたものにしても、行為主体2（主語2）のようなものが実際には二重に出ている。この循環が嘘だということを彼はものすごくしつこく言っているわけなんです。この図で大体の構造が説明できるのですが、上の《主語a2》と

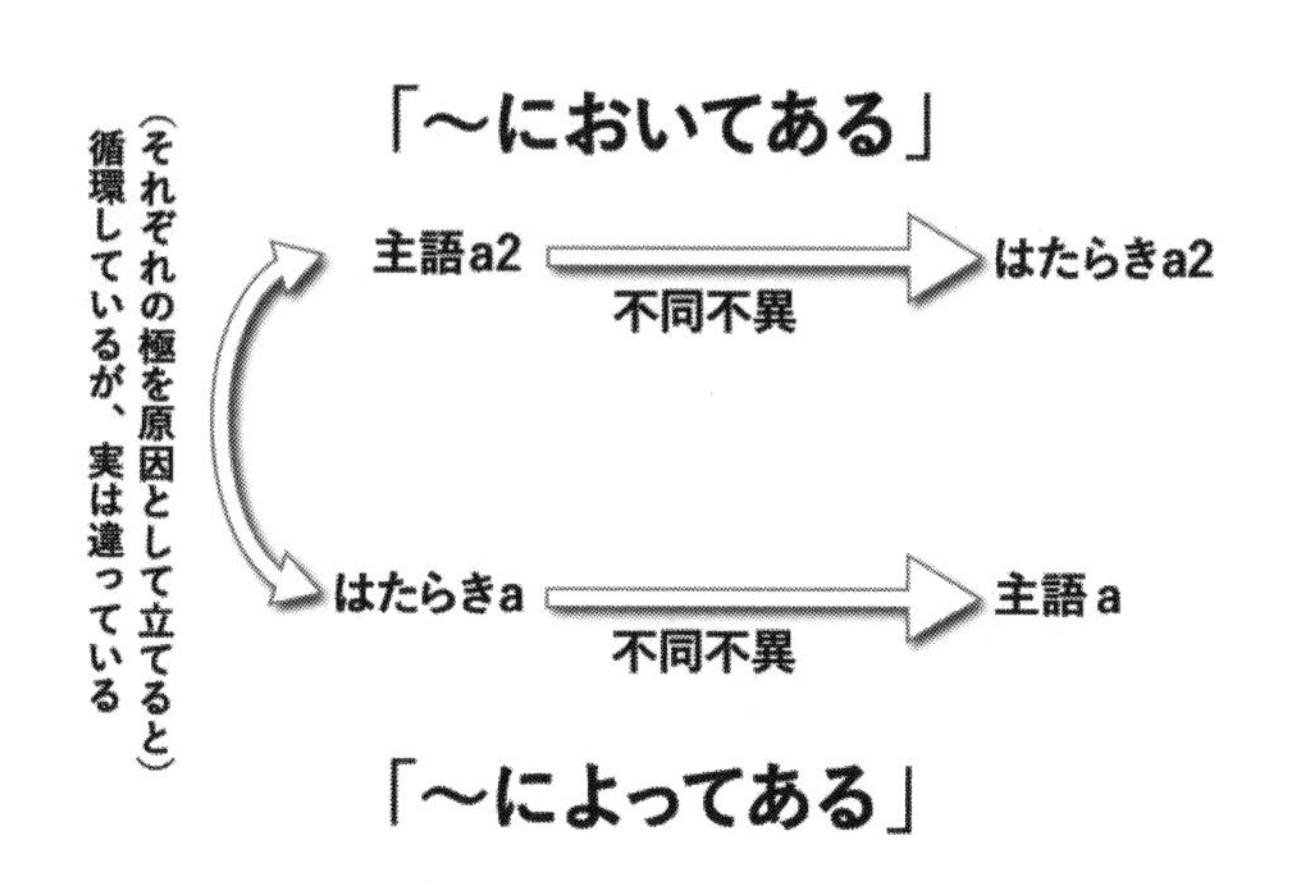

図　《〜がある》を《〜である》とする欺瞞

《はたらきa2》は「〜においてある」、という《含まれる構造》ですね。これに対して下の《主語a》と《はたらきa》は、「〜によってある」構造。このはたらきによってこれはある、というもの。こうした循環が生まれることで、《〜がある》の《〜である》化、みたいなものが起こっている。彼は、そう発想してしまうことの欺瞞を執拗に問うています。主語とはたらきの両極で、こっちの極を原因として立てて反対側を帰結する、また逆の極を原因として立てて反対側を帰結する、というのは、本当はここは循環になっているから言えてないんですよ。だからこれは虚偽だということをしつこく指摘し、はたらきから即、主語が言えてそれらが同じものだというのは間違いであると。それなら両者は個別に切り離されて存在していて違うのかと言ったら、それもおかしいだろうということで、《はたらきa》と《主語a》の間には不同不異の関係が成立する。上の《主語a2》から《はたらきa2》についても、やはり不同不異の関係が成立するということになる。これらひとつひとつを『中論』の第二章の何番目の偈で言っているかを全部指摘できます。それをすごく簡単な図にするとこうなるわけです（上図参照）。

師：そういうことですよね。そして、はたらきというのが二重化するのはおかしいという話になるわけですけど。

清水：二重化というのが分かりにくくて、それを言いたいがために、《去るもの》がさらに《去る》のはおかしいとか、「不来不去（ふらいふきょ）」という言い方をしている。あれは逆説的な否定としては言いやすいのですが議論の本質が分かりにくいです。今述べた循環が嘘であるということで、実のところ彼が何を考えているかというと、この構造は「離二辺の中道」に抵触するわけですよ。テトラレンマに抵触する。《～がある》ものを主語にすることで、《～である》というかたちにしてしまっているんですよ、実際は。そうやって対立二項の両極に交互に原因を帰している還元主義なので、これは「離二辺の中道」に当てはまっていない。結局のところ、《～がある》という出来事の次元をせっかくテトラレンマ的に全部活かそうと思ったのに、全部主語化してしまったことで、《～であるのでも、～でないのでもない》という、ブッダが最初に言ったテトラレンマに抵触してしまうので、これをどうするかというのがナーガールジュナの本題だったと思うのです。縁起というものも、《aがあるから、bがある》、《bがあるから、cがある》と表現されるけれど、実際には全部主語化されたものが連鎖しているわけですよね。この主語がひとつひとつループであるということをまず認めないといけない。また主語化した前件・後件といったもの同士で、前件があるから後件がある、と語られるものも、前件から見て後件もあり、後件から見て前件もある、というかたちで読み替えないと成り立たない、それら相互もループであるはずだということを彼は執拗に論証していく。だから『中論』では「～によってある」「～においてある」ということが、前件からも後件からも繰り返し否定されている。これらの可能性をすごく論理的に周到に全部つぶしていっていますよ。

ここで重要なのは、「～によってある」「～においてある」ということが前件・後件のどちらかから一方的に語られてはならず、相互的で、しかも同時に相互包摂的でないと成り立たないということです。このあたりを執拗に考えているのが、おそらく『中論』の第二章だと思うんですね。そこから出てくるのが相依性（そうえしょう）という考え方——

あらゆる《a》が《非a》によってあり、《非a》も《a》によってある。それゆえ《みずからの本質(自性)》といったものによってあるのではなく、無自性で《空(くう)》なるものだ——という思想ですね。

師：今のお話で非常に印象的というか、そうだなと思うのは、ナーガールジュナの『中論』で書かれているこういう議論は、今までは「論理を超えた」ものであるという言い方がよくなされてきました。だから「空というのは言語を超えている」というふうに言われているわけですけど、それを現代哲学の道具立ても含めて整理していくと、非常にロジカルにナーガールジュナが理論を組み立てているというのが、清水さんの目には見えるということですよね。

清水：そう。だから何ひとつ無駄がないし、妙なことを言っているようなことをひとつひとつ考えていくと、それを絶対言わなければいけない理由があるわけなんです。「何があるから何がある、何があるから何がある…」ということを非還元的にしていくためには、「〜において ある」というものも主語になった極の話ではなくて、反対側の極のことでもない。「aでも非aでもない」、また「非aでもないしaでもない」ということが同時に両方言えるというかたちで、考えなければならない。そうすると縁起と言っているものも、全部主語化されたもの同士の作用だと考えるだけでは駄目で、それらが「〜である」化しているのを否定するためには、相互にこれがあってこれがあるということを言って、そこで主語化されたという契機もあった、ということも考えて、両極を同時に否定するロジックを作っていかないといけないんです。これは例えば鈴木大拙が、まさに排中律の成立しない仏教特有の超論理の典型として《般若即非(はんにゃそくひ)の論理》ということを言う時に、「aはaではない。ゆえにaと名づく」と述べていますよね。あれは『金剛般若経』[*2]に延々と出てくるロジックですが。

＊1　中村元　2002『龍樹』講談社学術文庫。

師：そうですね。『金剛般若経』はそればっかりですね。

一異門破——「一と多」と「新しい実在論」

清水：その「名づく」というのが何かと言ったら、この主語化ということなんです。「名づく」ということ、いったん現象が主語化され、主語に帰されるという契機が必要で、しかしそれも原因の還元の一方的な対象としては置かれないし、対置される《非a》も置かれないというかたちが作られねばならない。これが大事なんです。この二極が、同じでも異なってもいないということの論証を、中観学派では《一異門破》と呼んでいますね。

師：「一異門の破」——つまり、二項対立的にあるものが同一であるという説も別異であるという説も、どちらも論破する、ということですね。

清水：三論宗の吉蔵などはこの論理をそう呼んでいます。《一》と《異なる》もの、《a》と《非a》がどっちから見ても不同不異だというのが一異門破です。これは徹底した論理で、一異門破はあらゆるものすべてに言えるわけですよ。はたらきが認識だとすると、認識主体というものがあって、こっちも主語化しているのですけど、それによって認識（所縁縁）がある。それらは別でもないし、同じでもなく、不同不異なんです。ただそれがひとつのユニットとしてあった場合に、むしろメタ一異門破みたいなものがあるわけです。これがひとつの環界（環境世界）みたいなものを作る。認識主体と認識、主体と対象世界は、それぞれ相依性においてあるので、これらは二重三重になっていくんですよね。縁起というものは、主語化したもの《a》があるから、主語化したもの《b》があるという構造になっていたじゃないですか、実際には。それはミクロで見れば、《はたらきa》⇕《主語a》なのですが、《主語a2》と《主語b2》もループなんですよ。《主語a2》⇕《主語b2》というふうに。そういうロジックが前提としてあって、さらにだんだん多層的に考えていくと、これが環界ができていくということなんです。主客の主体と客体があって、それらの相依性の重層が環界の形成でもあると。

主体がはたらきかけることによってできる世界があり、世界によって主体も作られるという関係が、こうしてだんだん発展していく。縁起の説というのは、拡張的に読んでいくと、本来はたらきと主語のループであったところがさらに重層して、一異門破になって、メタ一異門破みたいなものができて、メタメタ一異門破ができていく。そうしたものだと考えると、それは結局《一と多》の問題になっていく。相依性の重層から、《一》や《個》が《多》、もしくは《全体の世界》と不同不異である、《一即多》という世界観がだんだんできてくる。これは『法華経』の思想なども混じって、のちに仏教的に展開されるけれども、最初のロジックはナーガールジュナの一異門破の話なのです。《一》とか《個》としてのものが世界と相即的にあるというもので。ナーガールジュナが論理的必然性を探求しながら語っていたことから、何種類もの二項対立を一異門破で調停する論理が重なって出てくる。それが後年の大乗仏教のさまざまな切り口になっていくわけです。そして、この時環界とともに出てくるのがパースペクティヴというもの。世界の眺めそのもので、道元がまさに《山河》と呼んでいるものです。

師：今の主客と環界の形成の話というのは、まさに『正法眼蔵』の「現成公案(げんじょうこうあん)」とかで言っていることと、同じ話をしている感じですね。

清水：同じ話なんですよ。だから、ここで「これとこれの主語化が」といった話をしていると、抽象的な話に聞こえるけれど、そこから考えていかないと実は道元は分からないんです。例えば、道元は、舟に目を留めていないで対象を直接見ていると岸が動くように見えるけれど、自分が乗っている舟に目を留めると、自分が動いているのが

＊2　中村元・紀野一義訳註　1960『般若心経・金剛般若経』岩波文庫。

分かるというような言い方をするけれども、[3]それは自分が身を置いているひとつひとつの環界の小さいループを考えて、世界の側のより大きなループも考えなさいということです。そう考えた時に、個というもののテトラレンマ的な独立性や不生不滅性が出てくるわけです。同じく「現成公案」で、道元はまた、薪が灰になる。その薪にも先があって後がある。灰にも先があって後がある。それらはひとつひとつ「法位(ほうい)」にある。生と死もそのようなものだとも語っていますね。これはもっと小さいループがあって、それぞれが単に被包摂的なものではないんだ、ということです。インド仏教は、超論理どころかまさに完全な哲学ですよ。対立二項のどちらにも原因を還元しないということを重層的に考えるという。だから《〜がある》とか《〜である》とかということを徹底的に展開していくと、パースペクティヴの話になるんです。ここからがまさに道元の展開なんです。

師：普通はナーガールジュナって実在論の反対の立場みたいなかたちで言われますよね。でも今のお話だと、現代哲学の「新しい実在論」や「モノの哲学」と言われているものに近いというのは、大変興味深いと思いました。

清水：ハーマンのオブジェクトの話も、外部と内部のどっちにも還元しないからかえってある、ひとつのモノが際立ってくるというロジックですが、仏教だと《〜においてある》という包摂のテーマも相互的に考えるので、それが《一と多》の問題としておもに展開されているわけです。実在やオブジェクトは、仏教では《どちらにも還元しない》ということが相依性という観点から扱われたおかげで、一見真逆な《空(くう)》というものとして考察されたんですが、実際には表裏一体なわけです。

仏教の多自然論

師：ちなみに、先ほどのパースペクティヴの話を、もう少し詳しく説明してもらえませんか。

清水：その話を徹底して展開しているのが、私は日本仏教の特徴だと思うんです。道元が実際にそれをやっているということは、ここまでの議論から逆に見るとはっきりと分かるんです。さきほどの話のように舟があって、なかに人がいて、岸という対象があるという時、舟という対象と人という対象同士は身心依正、どちらも相互生成的にあり、しかもさらに岸＝環境があるんだけれども、これらすべての要素を完全に相互包摂とみた場合には、例えば、岸のほうが包摂する側として一方的にあるということはないわけですよ。おのおのが包摂の軸になる。この時《一》が即《全》であるというのは、例えば、鳥が空を飛んでいてその環界と一体になっている時、その空じたいはさらにメタ空みたいなものとの関係のうちにあるわけですが、今度はその環界そのもののループとメタ環界とのループを考えた場合には、どこからどこへ飛んだかとかそういう位置づけられるという問題ではもはやなくなってくる。

師：「現成公案」の後ろの方の話、「鳥そらをとぶに、とぶといへどもそらのきは（きわ）なし」ですよね。

清水：そうです。そうしてこんなふうに舟と私というものに対して岸というものがあるというかたちを考えると、それらの間に相即関係があって、こちらに岸というものもあるという関係を考えると、このループが何重にもなって、《一》も際立つかもしれないけど、《全体の世界》である《山河》全体というものが肯定されてくるということになってくる。

師：そうですね。《虚空》という言い方を道元はよくしてますね。

清水：この《山河》全体は《個》《一》と相互生成ですから、ある意味でお前もそれをつくっているんだという軸足にもなるわけです。さらに言えば、この認識主体と舟という一番小さいところから、《全体の世界》とそれに

＊3　増谷文雄全訳注　2004『正法眼蔵（一）』講談社学術文庫、「現成公案」を参照。

対する《超越的認識者》みたいなもの、両方の考え方まで出てきて、道元は古仏の眼睛（ブッダの眼）とか、道現成とかいう言い方をよくしますよね。「而今の山水は古仏の道現成である」という、端的な世界の肯定が出てくる。

師：「山水経」ですね。

清水：「山水経」ですよ。そして山河は全体として構成されるんだけれども、それがすべてを包摂しているだけでもないし、もろもろの複雑な環界が、さまざまに別様にあるということも道元は認めていて、それらが皆パースペクティヴであるとすると、例えば《水》を見るのに、鬼はこんなふうに見るし、龍魚は宮殿として見るし、瓔珞と見るものもあるとか、いろいろな言い方をする。[4] 皆それぞれの環界、それぞれのパースペクティヴを持ってこの世界を見て、その世界が軸足になって、また個々のものを照らし出しているということを、繰り返し道元は語っている。こうした表現自体はこれまで考察してきたことの完全にロジカルな展開であり、それを自然に対するヴィジョンとしても語るわけですが、これが今人類学で語られているところの多自然論とか、パースペクティヴィズムと完全に重なってくると思うんですよ。文化相対主義や多文化論を超えた、多自然論ということを二一世紀の人類学は語りはじめていますが、徹底して考えるとまさに世界はそのようなものとしてしか捉えられない。

師：『中論』が非常にロジカルにミニマムなところから積み上げていくとすれば、それを自然とか環境世界とか世界とかそういうものにバッと拡張して適用していったのが道元であるという、そんな感じでしょうか。

清水：それが道元だし、またここで《個人》も出してくるのがそもそも禅だったと思うんですよ。臨済禅でも《人》というのが出てきて、《赤肉団上に一無位の真人あり》とか《主人公》とか。だから主客の主の方もある意味ではバーンと出すし、オブジェクトも出すし、世界も出す。

師：やっぱり道元がすごいなと思うのは、「人は歩くけど、山も歩く」とか平気で言うじゃないですか。[5] あれがすごくスケールが大きいですよね。

清水：山中に人がいるんですよね。舟が山になったとしましょう。山のなかで人が歩いているんですが、これは一見すると作用主体と作用対象なのですけど、「山」が何か大きな環界との関係のなかでさらにやっぱり動いているのですよね。[*6] こう考えないとこの世界は成り立たないし、だからこの（山の）なかにただいる人はそれが分からないし、外（大きな環界）の側にただいるという人も分からない。この時「外にいますよ」という立場で見ている人は、単自然論的な人です。人類学者の岩田慶治さんから見た大昔の博物学者フンボルトみたいなもの。こっちは「山」の外の人で、こっちは「山」の内の人だとすると、それらの単にどちらであってもいけないというのが、「青山常運歩（せいざんじょううんぽ）」の話でしたね。そんなふうにひとつひとつ考えると、それに続けて出てくる「石女夜生児（せきじょやしょうじ）」は何だろうとかね。児を生まない女が夜に児を生む。生まれることと生むこと、夜って何だろうとか、そんなことが次々気になってくるわけです。児が生まれるから親ができる。[*7] それらが同時にできるということを考えろとも道元は言っているんですよ。これはだから原因とか、元になったものと、後になったものの相互成立をめぐる謎かけであって、石女夜生児というのは、おそらく自分自身を生むのかなと。相依性のループは、なによりミニマムで単独的なものでもある。まずそれを見ろということなんですよ。闇のなかで。誕生と闇の強烈なコントラストがそこに同時に浮かび上がってくる。

師：さっきもちょっと言ったんですけど、『中論』が言語を超えたものであると理解されるように、道元もこういうものは体感すべきものなんだという感じで理解されてきたと思うんですね。それがこういう綿密な、それこそ哲

＊4　増谷文雄全訳注　2004『正法眼蔵（二）』講談社学術文庫、「山水経」を参照。
＊5　増谷文雄全訳注　2004『正法眼蔵（二）』講談社学術文庫、「山水経」を参照。
＊6　「山水経」のうち「青山常運歩」のくだりを参照。増谷文雄全訳注　2004『正法眼蔵（二）』、p.18、講談社学芸文庫。
＊7　「山水経」のうち「石女夜生児」のくだりを参照。増谷文雄全訳注　2004『正法眼蔵（二）』、p.18、講談社学術文庫。

学的な思惟として構築されているというのは非常に面白いし、仏教学をやっている人間としても学びが多いと思いました。

清水：しつこく『中論』や吉蔵を考えないで道元をパッと読んでも、何を言っているのかと思うだろうけど、六割ぐらい彼らの理論を考察することに力を注いで、四割ぐらいで道元を読むと述べられていることが分かるし、そこで語られる世界が古来の日本人や、非ヨーロッパ圏のさまざまな人たちの世界観とも地続きなのが感じられてくる。そのあたりが印象的です。

還滅門の世界、不生不滅の世界

師：『中論』は、さきほどの第二章などもかなり短いじゃないですか。『正法眼蔵』七五巻とかと比べたら。『正法眼蔵』があれほど執拗に、自然だの海だの舟だのということについて、ひたすら言葉を重ねていこうとしたのは何故なんでしょうね。

清水：私はあえて主語化をしようとしていると思うんです。表現ということで。不立文字とか言いながらも、襟首掴んで「言え言え」とか言い合っているじゃないですか、禅の人って。「祖師西来意」《達磨はなぜ中国まで来たのか》を、樹の枝を口にくわえてぶら下がっている人に言え、とか訳の分からないやり取りまであって。[*8]「言う」ということ、一回表現して主題化するというモーメントがなくてはならなくて、しかもそれがまた「aがないから、非aがない」というふうに、還滅門(げんめつもん)的に捉えられた時にはじめて《一》にして《全》なる世界が現成してくるという構造があるんですよ。道元ではそうした構造はかなり普遍的で、主客の話も、鏡の話になったりするでしょう?

師：「古鏡」[*9]ですね。

清水：認識主体としての心とか、眼とか、それが眺める対象としての古鏡といったものが「古鏡」では語られていますね。この古鏡にそれらが映っているというのも、相依性のループであり相互生成、フランス現代思想でいう鏡像段階みたいなものです。これがひとつの一異門破です。しかしそれに対して、メタ一異門破の論理がすぐにはじまるわけですよ。それは何かと言ったら、この古鏡は《彼》と《我》、全部映すのだという話になる。そうすると別のものも出てきて、漢人（中国人）が来たら漢人が映るし、胡人（西域人）が来たら胡人が映るということが語られる。これは《全体の世界》に対するパースペクティヴが幾つもあるという話と同じです。そして鏡そのものが来たらどうするんだという問いかけがなされると、「木端微塵にする」（百雑砕）と言うのがその答えです。これは端的に対象世界を見ようと思ったら、メタ一異門破で、《一と多》の問題にいかないといけないということですね。

師：さっきチラッと言っていた、還滅門的にという話ですね。

清水：そもそも初期仏教から言われている十二支縁起は、「〜があるから、〜がある」というかたちで列挙していって、「無明」から「老死」にいたる苦の世界がいかに生まれていくかを説くものです。この流れを《順観》というんですが、これには《逆観》（還滅門）というものがワンセットであるんです。つまり「〜がないから、〜がない」というふうに十二支を逆に辿ることで、苦の世界が寂滅していく。ところでテトラレンマの考え方は、「〜でなく、〜でないわけでもない」というかたちで、単純に「〜である」ことを退けていますから、「〜」にまた主語を安易に入れて話を蒸し返すのは無意味なんです。ナーガールジュナも『中論』でそうした議論を全部否定している。テトラレンマは一部の絞った命題についてしか言えない。『中論』では四種類に厳選されています（八不）。こ

＊8　増谷文雄全訳注　2004『正法眼蔵（六）』講談社学術文庫、「祖師西来意」を参照。

＊9　増谷文雄全訳注　2004『正法眼蔵（二）』講談社学術文庫、「古鏡」を参照。

れに対し、「〜がある」の世界はもともと本当に多様なものです。説一切有部はいちいちそれらを主語化しましたが、あらゆるものにその世界を拡張し、しかもそれで排中律を超えようとしたんですね。縁起という思想は、そこではよく分からなくなった。しかしそもそも縁起の還滅門というのは、「aがないなら、b（非a）がない」ですけど、彼らがやった主語化を踏まえるなら、「（原因が）aでなく、非aでない」ということなんですよ。「〜である」化しているわけですから。またここでは両極に相依性が成立しているので、それはもうテトラレンマの最終形態（第四レンマ）なんです。これはもはや《主語a》がなんであるかという議論ではなくて、メタレヴェルの構造についての洞察ですから、還滅門を通じれば、あらゆる「〜がある」について、テトラレンマが適用されると。第四レンマの典型は不生不滅とかそういうものと同じなので、例えば先に述べた「薪が灰になる」ということも、その変化や滅びやうつろいのなかで、それぞれが第四レンマ的であることになる。もちろん生も死もそういうふうに考えられていて、生から死への移り行きがあるんだけど、それらのなかにもミニマムな前と後があり、そのうつろい、移り行きがあって、それらじたいがテトラレンマ的に、その「法位」のうちにある。

有名な道元の「有時」も、「松も時なり、竹も時なり」と言うけれども、これは全部ミニマムに「時」だということなんですよ。その移り行きがあって、しかもそれが入れ子に重層化していて。色んな道元の不思議なロジック、例えば「画に描いた餅は食べられない」という話にしても、[*10]それをお題にして道元がひたすら何を言うかというと、画に描いた餅が対象としてあるかということではなく、画の餅をどう作って、描いていくのに何を用いたかということです。要するに、動作主体がオブジェクトをどう作るかという話に置き換えるんですね。それによって、対象がただ漠然と外にあるわけじゃないんだという話にしてしまう。この主体が対象世界を「作る」ということも、何かを表現したり言ったりすることがモーメントとして大事なように、きわめて大事なことなんです。岩田慶治さんは、「道元は世界をつぶつぶと画に描いていくみたいに正法眼蔵を書いている」と言っているけれど、そんなふうに森羅万象を表現世界にもう一回裏返して、しかもそれは還滅門の世界でもあり、だからこそかえって不生不滅の世界でもあるんだということを、道元は語っていますね。

創造的モナドロジーの方へ

師：仏教的な考え方からすると、こういう道元の理論にせよナーガールジュナにせよ、やはり悟りとか解脱とか、そういうものが目標としてあるわけですけど、清水さんの哲学が何を目指しておられるのかというのを、今聞きながら考えていました。仏教としては、皆で悟ろうということがあるんですが、さっきのお話のように表現者としての道元というものもある。清水さんの哲学も道元のように世界を表現していくというか、そういった方面への関心があるということなんでしょうか。

清水：それはありますね。世界が表現しているものが「古仏の道現成」であるなら、悟ること、あるいは悟られたものとしての世界をどう見ていくかが問題であり、そうしたものの多様な表現の意味を解き、理解していきたいというのがあるんですね。晩年の西田幾多郎は、「自分の哲学は創造的モナドロジーだ」と言っていた。私は若いころからまさにそれに共感していたのです。《一と多》が相即的であるとか、そういうことをただの概念で終わらせるのではなく、創造の極点に個々の人間がならないといけない。創造というのは、世界の創造ですよ。世界制作の極点にある意味でいなければならなくて、それが自由ということでもあると思うのです。仏教で自由というものが感じられ、苦の繋縛から解き放たれるということがあるなら、まさにそうしたものだろうと。逆に哲学の側から、

＊10　増谷文雄全訳注　2004『正法眼蔵（四）』講談社学術文庫、「画餅」を参照。

近代思想の価値観をそのまま背負って、社会制度のなかでの自由ということを語っても、少なくとも私は本質的に自由になった気がしない。人間的自由を超えた「モア・ザン・ヒューマン(More-Than-Human)」な自由を求めること。それがこれからの文明の大きな課題でもあるというふうに私は思っています。

総論 III

奥野克巳　近藤祉秋
大石友子　中江太一

環境と身体をつなげ、フィールドで文学を聴き、仏教で経験世界を観る

奥野克巳（以下、奥野）：総論ⅠとⅡでは、マルチスピーシーズ民族誌およびそれに近い人類学者たちへのインタビューが取り上げられましたが、この総論Ⅲで環境人文学と呼ばれる複合的領域へと歩みを進めて、芸術人類学と神話学を股にかけて活躍されている石倉敏明さん、エコ・クリティシズム研究者の結城正美さん、哲学者の清水高志さんのインタビューを取り上げて、大石さんと中江さん、近藤さんとともに振り返りながら検討してみましょう。

まずは、唐澤太輔さんによる石倉さんのインタビューですが、この石倉さんの知的冒険では、中沢新一さんの『対称性人類学』の複論理という理論的な課題を「外臓」という概念を通じて深めているのがとても印象的でした。それは、食を通して人間の身体と環境の関係を考えることにつながっています。身体の内側の、口から肛門の周囲に発達した内臓を、手袋をひっくり返すように外側にひっくり返したものが、身体の外部に広がる里山、里川といった環世界で、それを石倉さんは外臓と呼んでいます。外臓から内臓へ食べ物が入り込んで、外臓と内臓によるループ状の絡まり合いによって世界はできており、他者から見ると、自分自身の身体も外臓の一部であるというアイデアが示されていました。石倉さんの外臓論は、多様な思考実験に開かれています。外臓論で考えると、身体の

なかに収められた、主体として成立している「自我」から出発することは難しくなり、食べることをベースに、デカルト主義を乗り越える手がかりにもなる。食べるもの、食べているものが生み出される外臓と、食べる「主体」である内臓がどうつながっているのかを見ていけば、自然と人間の関係を再考する可能性が見えてくるというわけです。また、食べることは、食べることと食べられることの二元論ではなくて、朽ちて地球に食べられるという三層で見ていくべきなのではないか。それは、自然の循環と人間の文化の循環を連続的なものとして考えるためのポイントだと、石倉さんは述べていました。

そうした環境と身体、外臓と内臓の大いなる循環を足がかりとすることで、日本では、人、生物、自然、神仏の共生関係の形成によって「共異体」が生み出されるに至ったのではないかと、論を進めています。共異体とは、あらゆる差異によって個々の生命存在がつながっていること。例えば、ブッダが悟りを開いた菩提樹の木は、誰もがそこに座ることができる場所です。種として、それぞれの土地に根を生やすことができる、柔らかな中心としての共異体が、そこにはあるのだと言います。

石倉さんは、そのイメージを実体化してはいけないとも言っていました。石倉さんたちのコレクティヴは、第五八回ヴェネツィア・ビエンナーレの日本館展示で、この共異体の思想をテーマ化しています。沖縄や八重山・宮古諸島に散在する津波石はもともとはサンゴ石灰岩で、海中生物の化石が付着していたもので、その後津波によって陸上にもたらされ、動植物が共生する場になりました。これは多様な存在がつながっている人間と非人間の共生のモデルなのです。石倉さんたちは、この津波石やフィールドワークで得た卵生神話を踏まえて、創作と実践を行いました。アートと人類学の結びつきは、人類学の表象の危機以降の苦闘のひとつの結果だそうです。そして、人類学を知的生産だけに閉じ込めるのではなくて、他の学問領域とアートの架橋をしながら、越境的なインターフェイスとしていくのが、人類学におけるひとつの展望ではないかと結んでいます。

次に、江川あゆみさんによる結城さんへのインタビューです。ある学問領域だけではなくて、そこから他の領域や多様な実践者たちとの対話を進めていく姿勢は、最近の文化人類学ではようやくひとつの流れになりつつあるのかもしれません。それに対し、エコクリティシズムあるいは環境人文学では、研究者だけではなく幅広い層と交流・意見交換することが早くから重視されてきたことが、結城さんのインタビューから窺えました。チッソの社長は、水俣の漁民を人間扱いしていなかった。そのこととは対照的に、石牟礼さんの水俣文学の世界では、タコ、キツネ、馬酔木などと人が交わる世界が描かれています。人間をひとつの種として学ぶうえで、石牟礼作品は示唆的です。結城さんの初期の研究関心は「サウンドスケープ」にあったようで、ファインさんやコーンさんがインタビューで述べているテーマにも重なるところがあります。研究方法の自明性をずらし、視覚ではなく、聴覚によって文学作品を見ることで鍛えられた知性。それはやがて、テクストとそれが書かれた場所での経験や思考の揺れを扱う「ナラティブ・スカラシップ」という研究スタイルへとつながっていったのではないでしょうか。人類学のフィールドワークにも似た当該場所でのテクストの読みは、アクチュアルな問題に対するエコクリティシズムの積極的な関心にも影響を与えているように感じます。"What does ecocritism do?"（エコクリティシズムは何をするのか）のなかの"do"が、結城さんが示すエコクリティシズムのアクチュアルな問題に対する方針です。

結城さんは、原発ゴミを考えるシンポジウムで、あるネイチャーライターの「山の身になって考える」[*1]というエッセイのタイトルを引いて、ウランの地層処分を進める組織の人たちの前で、ウランの身になって考えればゴミとして捨てられるというのはやってられないのではないか、と発言しました。それに対して、その組織の人たちから共感の言葉が寄せられて、対話につながったと言います。文学作品に言及したことで、対話を進めるための共通

＊1　レオポルド、アルド　1997「山の身になって考える」『野生のうたが聞こえる』新島義昭訳、pp.204-209、講談社学術文庫。

基盤が生まれたのです。アクチュアルな問題に対するエコクリティシズムの姿勢は、環境危機や自然をめぐる問題に向き合うための、多くのヒントを与えてくれたのではないかと感じます。

最後は師茂樹さんによる清水さんへのインタビューです。石倉さんのインタビューでは、デカルト主義的な「自我」、二元論思考、如来蔵思想の日本での展開、菩提樹でのブッダがはじめた仏教の世界の広がりなどがしなやかに論じられ、哲学や仏教がマルチスピーシーズ民族誌、自然と文化の人類学、それから環境人文学を進めるうえで、参照すべき知の蓄積を孕んでいることが窺えました。それとは逆の方向から、哲学や仏教が、マルチスピーシーズ民族誌や環境人文学の見据える問題に対してどう接近しているのか見ることも重要です。西洋哲学には、古代ギリシャ以前から人間以外の存在者を取り上げる思索の系譜があります。それを踏まえて、二〇世紀のミシェル・セールの哲学を押さえながら、近年の実在論にも通暁し、そこに仏教に加えて、人類学までも見渡しながら最先端に位置しているのが、清水さんです。

二元論思考をどう乗り越えるのかという西洋哲学の関心が、清水さんのインタビューの出発点にはありました。哲学ですから抽象度は格段に高くなりますが、追っていくと非常に面白い。《a》か《非a》のどちらかを取ると、その中間は成立しないという「排中律」を超えて、インド古来の伝統的な思考では、《a》でもなく《非a》でもない「第四レンマ」という思考の枠組みが考えられてきました。そうした議論は、近年のグレアム・ハーマンらによるオブジェクト指向哲学でもなされてきているのだと、清水さんは言います。また、二世紀のインドの中観派の仏教僧ナーガールジュナは、《主語a》を立てると、《はたらきa》によって、《主語a》があらかじめあったように思えると言います。あらかじめあったように思える《主語a》を《主語a2》とすると、《主語a2》にも《はたらきa2》が出てくる。このロジックは循環的です。ナーガールジュナは、《主語a2》と《はたらきa2》を「〜においてある」構造、《主語a》と《はたらきa》を「〜によってある」構造として問題を整理しています。そのうえで、ナーガールジュナは「〜がある」が「〜である」に変容してしまうはたらきの二重化の問題を執拗に問うたのではないかと、清水さんは指摘していました。ナーガールジュナの『中論』[*2]の第二章では、この「〜によってある」と「〜においてある」という前件と後件が相互包摂している点が論じられます。《a》は《非a》によってあり、《非a》も《a》によってあるということは、それぞれが本質によってあるのではなく、「無自性」で「空」だというのが、中観派で示された相依性の考え方です。仏教の「空」の観念は論理を超えたものではなく、こうした論理を突き詰めた後に出てくるロジックなのです。こうした流れを押さえながら、清水さんは、《a》でも《非a》でもない、《非a》でも《a》でもないということが同時に言えるためには、両極を同時に否定するロジックが必要であり、その点に絞って考えようとします。そこに主体と客体があって、相依性の重層化により「環界」が形成される契機を見るのです。

この環界とは、世界の眺めのことで、日本の鎌倉時代の道元禅師がいう山河のことだと、清水さんは指摘しています。否定を組み込んだインド哲学からの系譜の果てに、道元の『正法眼蔵』[*3]では人が出てきます。山や川があるという単世界的なものではなく、人と山河が相互包摂する環界が、より具体的な山河の景色のなかに綴られているわけですね。道元はあえて主語化を試みて「言うこと」によって、《a》がないから《非a》がないという「第四レンマ」によって捉えられた時、一にして全なる環界が現成するのだと。諸存在は、それぞれの環界、それぞれのパースペクティヴを持ちながら世界に向き合っている。そう考えると、世界が人や個物を照らし出しているとする思考は、人類学の多自然主義やパースペクティヴィズムにも通じている。ナーガールジュナによって突き詰めら

＊2　中村元　2002『龍樹』講談社学術文庫。特に「Ⅱ ナーガールジュナの思想――『中論』を中心として」を参照。
＊3　増谷文雄全訳注　2004『正法眼蔵』全八巻、講談社学術文庫。

れた、《a》でなく《非a》でもないという第四レンマを手がかりとして、二元論思考の乗り越えの行きつく先を、禅における人と事物、世界を視野に入れた環界の現成のなかに見るのです。そしてそれが、近年の人類学がアマゾニアのフィールドワークで見出した思想にまでつながっていると指摘していました。

少し長くなりましたが、以上が第三部の概要になります。

石倉敏明――体内と風景を地続きのものとして生きる

大石友子（以下、大石）：これまでのインタビューから、マルチスピーシーズ民族誌では、人間以上の視点を取り入れた民族誌の記述のみならず、民族誌映画やアートの制作など、多様な実践が行われていることがわかりました。こうした実践を行ううえでは、人類学、文学、哲学などが交差する領域で、さまざまな概念や思想を手がかりとしながら表現方法を探求することが重要になると思っています。この第三部のインタビューでは、そうした概念、思想、表現方法の広がりが提示されていました。石倉さんのインタビューでは、そのためのヒントになる概念が多数提示されていたように感じます。私は物事を考える時に四次元モデルをイメージすることが多いのですが、「外臓」という概念は、そのイメージにも重なりました。また、石倉さんは食に注目をすることで外臓の概念を考えたということですが、確かに食は生き物にとって必要不可欠なことで、そこでは多様な種が交錯しています。食からつながりを捉えることで拓けてくるものがあるというインスピレーションを得ました。例えば、「共異体」の議論から、人間と動物を「共食」の関係として捉えることができるのではないかと感じました。共食とは、簡単に言うと、食事をともにすることです。現代はひとりで食事をとる人も多いと思うのですが、人生のなかで誰とも食事をともにしたことがない人はほぼいないと思います。そのなかには、人間とだけではなく、ペットとともに食事をとる人もいるのではないでしょうか。それぞれの食事を、同じ時間に同じ空間でとるということです。共食に関して、人類学ではカーステン[*4]が、これまで血縁関係と婚姻関係を前提として捉えられてきた親族や家族といったつながりは、食事をともにすることで作り出されるケースもあると論じていました。これは共異体をベースにしても考えることができるのではないでしょうか。

私の調査地の人々は稲作をして、米を自給しています。そうした人間の労働で作られた米は、人間はもちろんのこと、家畜として育てているニワトリやブタ、家の番をしているイヌ、一緒に暮らしている象にも分け与えられます。これを、同じ米を家の敷地内でともに食べる共食とも捉えることができます。また、少し違う角度から見れば、家畜に食べられるものという視座から、人間の労働を考えることができるように感じました。このように、食や外臓といった概念は、つながりのイメージを大きく広げ、新たな視点をもたらす可能性を持っているのではないでしょうか。

中江太一（以下、中江）： 私からは大きく二点あります。最初に、食という媒介項を通じて人間の消化器官である内臓と、目の前の風景あるいは自然である外臓が地続きになっているという、石倉さんの発想が面白いと思いました。それは、人間の身体とその外の自然を一対一対応で考えたものではありません。複数の内臓を備えた人間の身体では、消化＝分解の過程で多数の微生物が絡み合い、自然の方でも同様にさまざまな生き物たちが生産者、消費者、分解者というかたちで絡み合っている。こう考えると、石倉さんは一と多の問題を考えようとしているのではないかと感じました。内臓と外臓の話は、デイビッド・モントゴメリーの『土と内臓』の議論を想起させます[*5]。こ

*4　Carsten, Janet　1995　"The Substance of Kinship and the Heat of the Hearth: Feeding, Personhood, and Relatedness among Malays in Pulau Langkawi." *American Ethnologist* 22(2): 223-241.

の本でも、人間の身体とそのなかに住む微生物の関係と、土とそのなかに住む微生物の関係がアナロジカルに捉えられています。しかし、石倉さんの言葉で言えば「外蔵」に関しては少し違った視点で、植物と土中微生物の間の贈与とも言え相利共生の話が出てきます。植物は、微生物を誘引するために化学物質を出してエサを供給していますが、微生物の方では植物を病原菌から守ったり、植物から出るトリプトファンを植物成長ホルモンに変えたりして助けになっているという意味での互酬的な共生関係であって、相互のコミュニケーションが行われているという話です。石倉さんの話とは若干ずれるのですが、食べるという関係ではなくて、贈与の問題としてもマルチスピーシーズを考えられるのではないかと思いました。

最近は思想の分野で「贈与」の話が盛り上がっていますが、岩野卓司さんの『贈与論』[*6]という著作の一節では、「人間の贈与の慣習がいかに高度な文化を担っているとはいえ、人間は動物であるがゆえに、根本的に贈与する存在なのではないか。だから、贈与の概念を考え直す必要があるだろう」と書かれていて、人間中心的な贈与の議論を動物へと拡大していく必要性が説かれています。私個人は、動物に限定せず、人間を含めるか否かを問わず、マルチスピーシーズの贈与論まで発展させられると考えています。食と微生物の話で言うと、小倉ヒラクさんの『発酵文化人類学』[*7]という本にもその一端が見られます。小倉さんは、マリノフスキやモースの贈与論、ベイトソンの議論を受けつつ、微生物と人間の関係を贈与によって捉えています。酒やチーズといった身近な例を取り上げながら、自然と人間が渾然一体となって織りなす生命の贈与のネットワークのなかで人間と微生物の関係を見ると、自由意志の主体としての人間ではなくて、人間という存在が交換やコミュニケーションといった関係によって現れるのがわかると書かれています。この先にはマルチスピーシーズ贈与論のようなものが出てくると期待できます。

もうひとつは、石倉さんの話が非常にダイナミックで、人間と自然の関係について大きな見通しを示唆してくれる一方で、西洋思想についてはやや単純化しすぎる傾向があると感じました。これは現代思想全般に言えることかもしれませんが、デカルト的自然観が本当に西洋の自然観として有効なのか疑問が残ります。確かに非西洋の自然観の意味を探るうえで、その特徴を強調するためには有効に機能すると思いますが、実際のところ西洋の思想や文学において、デカルト的自然観と十把一絡げにまとめられないようなものがたくさんあります。安易にデカルト的自然観を持ち出すと、藁人形のようになってしまう疑念があり、西洋内部での差異にも目を向けてもよいのではないかと思いました。その意味で、先ほど取り上げたパンディアンさんがヘルダーやニーチェの名前を出しているというのは意義深いと思います。ヘルダーについて言えば、他者や他種への共感性の伝統を、一八世紀ドイツの哲学者にまで遡っている点に、デカルト的二元論と大きく括ってしまう問題点を避けるヒントがあります。ニーチェについては、「思考するということ、理解するということは、必ず情動的で、根本的に感覚的かつ身体的、そして経験的なもの」と語られていました。それと合わせて、心身二元論を内破するようなアイデアが、西洋思想のなかにも存在していることを示していると思います。

奥野：タイのフィールドで、種を超えて米が食べられている現象を、食糧の分かち合いとして、共異体の枠組みで見ることもできるのではないかという大石さんの見方は、研究展望として発展性がありそうですね。中江さんからは、石倉さんのアイデアをマルチスピーシーズ贈与論に発展させていくことへの期待が語られるとともに、西洋の思想を一枚岩的に捉えていないかどうかという点に関するコメントがありました。

＊5　モントゴメリー、デイビッド、アン・ビクレー　2016『土と内臓――微生物がつくる世界』片岡夏実訳、築地書館。特に第六章「地下の協力者の複雑なはたらき」を参照。
＊6　岩野卓司　2009『贈与論――資本主義を突き抜けるための哲学』青土社。
＊7　小倉ヒラク　2010『発酵文化人類学――微生物から見た社会のカタチ』角川文庫。

大石：結城さんのインタビューを読んで思ったのは、エコクリティシズムと人類学で類似している部分が多いということです。特に従来論じられていたことを新たに捉えなおして、議論を活性化していくという部分については、人間のみを主体として論じられてきた概念を再考し、議論をより深めようとしているマルチスピーシーズ民族誌の取り組みと重なっています。また「エコクリティシズムとは何か」と「エコクリティシズムは何をするのか」というふたつのことが問われていましたが、先ほど奥野さんもおっしゃっていたように、これは人類学にも共通する問いです。つまり、「人類学とは何か」と「人類学は何をするのか」ということです。

「人類学は何をするのか」については、開発人類学や公共人類学でも問われてきました。そこでは、開発事業などへの人類学的な手法や知識の応用、また現地の人々への応答に関して、実践や議論の蓄積が行われています。それに加え、人間以上の存在を取り扱う人類学においては、ファインさんやコーンさんのように積極的に創造的な実践をする人類学者も多くいます。こうした人類学の取り組みを踏まえつつ、「何をするのか」という部分においてマルチスピーシーズ人類学やエコクリティシズムは、人間以上の存在との関係に巻き込まれながら、分野横断的に取り組んでいくことができるのではないかと思います。特に結城さんが述べられていた「学術的に書こうとすると漏れてしまう思索の部分」を取り込み、ファインさんの言う「不可量部分」の表現を試みながら、アクチュアルな問題に働きかける実践を、共同して行っていくことができるのではないかと考えています。

中江：結城さんの議論で興味深かったのは、文学研究がテクスト解釈から外に出て、フィールドワークをも包み込むものに変化している点でした。客観的で実証的、あるいはテクスト中心主義に陥るのではなく、文学研究・批評は、ナラティブ・スカラシップを含めて、書き手自身の新たな感性やヴィジョンを創造し、言語化していくことへと変わりつつあるのかもしれないと、改めて思いました。その意味で文学研究もネイチャーライティングと親和的になり、また人類学の民族誌的アプローチと近いものになっているのかもしれません。結城さんがインタビューのなかで自身の生い立ちや、なぜエコクリティシズムを研究しようと志したかについて語っていること自体にも、実践的な意味があったのではないでしょうか。

私の研究分野に引きつけて言うと、フランス文学の領域においては、マリエル・マセという本格的な文学研究者だった人が、コーンやインゴルドらに触発されて、詩をマルチスピーシーズの観点から読み直すだけでなく、幾分かナラティブ・スカラシップを意識しているように見えるエッセイのなかで、環境問題と文学の双方を自由に横断しながら、人間と他種の関係を新たに結び直すことを模索しています。マセの *Nos cabanes*[*8] と題された著作では、われわれ（nous）、結ぶ（nouer）、結び目（noeud）といったフランス語では「ヌ」という音を含む語を中心とした、一種の言葉遊び的自由連想に基づいて思考が展開されています。具体的には、われわれ（nous）を構成する主体を人間だけでなく、他種へも広げていった時に、その主体をどのように結び（nouer）、またほどいて（dénouer）いくのかということを考えています。しかしながら、環境人文学と呼ばれる領域において、文学研究の立場から何ができるのかということは、さらに考えていく必要があると思います。今私が考えているのは、次のふたつの方向性です。

ひとつは、新たな時代の新たな感性を表現する言語を見つけ出すこと。これはネイチャーライティングやナラティヴ・スカラシップなど、ノンフィクションのジャンルによって実践可能な領域だと思います。もうひとつは

---

*8　Macé, Marielle　2019　*Nos cabanes*. Verdier.

フィクションでしか行えないこと、あるいはフィクションと現実の関係をさらに考えていくことです。私が研究している無人島小説（ロビンソン物語）を切り口に話してみます。無人島小説というのは、作家が作品の舞台を訪れたことがないという意味で、極めてフィクション性が高いジャンルです。しかし、そのなかでは、いかにして人間と自然、あるいは動植物が関わっていくのかが大きな主題となっています。とりわけ、ミシェル・トゥルニエという人は、『フライデーあるいは太平洋の冥界』[*9]において、動物や植物を模倣することで、人間を超えた存在に生成していくロビンソン物語を書いていました。拙論文[*10]では、特に植物とロビンソンの関係に焦点を当てて、植物的ロビンソンとも言えそうな特異な人間像について書いています。他にも例えば、近藤祉秋さんが『たぐい』で分析されていた多和田葉子の『雪の練習生』[*11]も、ホッキョクグマを主人公にしていますが、トゥルニエの小説同様にフィクションでしか作り出せないマルチスピーシーズ論だと思いました[*12]。人間と動物や環境の関係を新たに考え直す契機になるという意味で、フィクションの力をもう少し考える必要があるのではないかと思います。インタビューに引きつけて言うと、パンディアンさんがデビット・シュルマンの *More than Real*[*13] を参照しながら、一六世紀の南インドの文学作品では、想像が単に作り話ではなくて、現世的で極めて生成的な力として捉えられていたという指摘が参考になりそうです。フィクションは単なる虚構ではなく、現実へと働きかけていく力を持っているのだと思います。

もうひとつ気になったのは「人新世」という用語に関してでした。これは「モア・ザン・ヒューマン（More-Than-Human）」シリーズの魅力でもあるのですが、話し手の思考が必ずしも共有されているわけではなく、それぞれの立場に差異があって、それが明瞭になるのが人新世という用語だと思います。九つのインタビューのなかで、結城さん、コーンさん、パンディアンさんの三人が人新世という言葉を使っていますが、それぞれこの言葉に対する距離感が違いました。人新世という言葉が頻繁に出てくる背景には、コーンさんが存在論的な分析が倫理的な問いへと移り変わってると言われていたように、現代社会の問題に対して、人類学や文学研究がいかにして関わっていくのか意識していることがあると思います。結城さんは人新世と呼ばれる、人間の影響力が地質学的にも現れるとされる時代において、マルチスピーシーズやエコクリティシズムの領域で何ができるのかということを問うています。人新世の枠組みから自身の研究の立ち位置を見据えているコーンさんと結城さんに対して、パンディアンさんは人新世という用語そのものに懐疑的でした。この概念が「あまりにも一般的で、物事を丸く収めようとしすぎている」という懸念が表明されていたのです。パンディアンさんが人新世という時に考えているのは、古い言い方かもしれませんが、大文字の歴史＝物語（l'Histoire）というものと、複数の小文字の歴史＝物語（des histoires）の対立のことかもしれません。世界中の人間と歴史を単一化してしまう人新世という言葉の背後に隠れてしまう複数の歴史＝物語を紡いでいくことは、欠かせない作業だと思います。人新世というもっともらしい概念に寄り添わずに考える可能性も探るべきではないでしょうか。

議論を戻すと、ブランシェットさんのインタビューのなかで、既に人新世というフレームからこぼれ落ちる問題が出てきていました。アメリカという最も資本主義の発展した国においても、産業間の分断があるという話です。

＊9　トゥルニエ、ミシェル　2009「フライデーあるいは太平洋の冥界」榊原晃三訳、『池澤夏樹個人編集河出世界文学全集2　フライデーあるいは太平洋の冥界／黄金探索者』河出書房新社。
＊10　中江太一　2021「他者から他種へ――『フライデーあるいは太平洋の冥界』における動植物の視点と自然――」『フランス語フランス文学研究』118: 83-97。
＊11　多和田葉子　2013『雪の練習生』新潮文庫。
＊12　近藤祉秋　2021「悩める現代哺乳類のためのマルチスピーシーズ小説――多和田葉子『雪の練習生』を読む」『たぐい』vol.3: 6-16、亜紀書房。
＊13　Shulman, David　2012　*More than Real: A History of the Imagination in South India*. Harvard University Press.

工業型畜産を調査すると、未だに畜産業では垂直的な統合が求められ、現代的でなく近代的な工業化が進められていたのです。アメリカのなかにも複数の歴史＝物語があるという見方は、人新世という概念によって隠されてしまうリアリティーがあることを示唆しているように感じました。既に長くなってしまいましたが、大石さんが言及されていた不可量部分についても、少し話を続けます。英語圏の人類学研究を紹介することで日本の研究との差異を問うことも、このシリーズの目的のひとつだと近藤さんから話がありました。私はフランス文学を専門にしているので、フランスの人類学と文学の関係ということから不可量部分についてコメントしたいと思います。

ヴァンサン・ドゥベーヌという文学研究者が「第二の本（deuxième livre）」という概念を提示しつつ、フランスの人類学者たちが専門の民族誌とは異なる、文学的な著作を著していたことを詳細に分析しています。[*14] 人類学を研究分野として確立させようとした一九二〇—三〇年代において、アマチュア旅行家や植民者、あるいは宣教師たちの、訓練を受けていない非専門的な記述を退け、同時に文学からも厳密な距離を取ることが求められました。つまり、直接の観察に基づく客観性が要求されて、文学のような主観的描写は棄却されたと指摘しています。ただ、その後に研究対象となる民族がどのように考え、感じるのかという心性（mentalité）がモースらによって問われるようになると、その状況が変わってきたと言います。調査対象の社会や人々の考えであったり、雰囲気（atomosphère）を読者に伝えるべく、客観的な研究者は同時によき文学者であることが要求され、レヴィ＝ストロース、ミシェル・レリス、マルセル・グリオール、アルフレッド・メトローといった人たちが「第二の本」を書くようになったと指摘しています。客観的な民族誌では記述できない、フィールドワークによって感じた現地の雰囲気や人々がどのように考えているのかといった不可量部分を、いかにして伝えるかという点に関して、フランスでは「第二の本」というジャンルが伝統としてあり、この傾向は、ピエール・クラストルやフィリップ・デスコラを経て現代まで続いている気がします。

奥野：なるほど。フランスでは、実生活の不可量部分をどのように文字のなかに書き込んでいくのかについて、関心を抱き続けてきた伝統があったということですね。

中江：そうです。例えば、レヴィ＝ストロースが『親族の基本構造』[*15]のような学術的な書物だけでなく、『悲しき熱帯』[*16]を書いたり、レリスも『幻のアフリカ』[*17]を書いたりしました。不可量部分をいかに記述するかというテーマが、このインタビュー集では一貫して問題になっていたと感じたので、少し補足しました。

奥野：派生的にさまざまな論点が出されました。これは裏側から見れば、人間が取り巻かれている環境や動物、人間以上の諸存在を取り上げるジャンルとして、人類学のフィールドワークと民族誌や現実的な諸課題、文学批評におけるテクストと、結城さんが取り組まれているようなナラティブ・スカラシップやアクチュアルな問題とが、方向性を共有しながらつながっていて、交差する部分が多々あるということかもしれませんね。

＊14　Debaene, Vincent　2018　"Poésie des carrefours : Littérature et ethnologie en France, du surréalisme au structuralisme."『仏語仏文学研究』51: 195-217。より広範に人類学と文学の関係を扱ったものとしては、Debaene, Vincent　2010　*L'Adieu au voyage: l'ethnographie française entre science et littérature*. Gallimard. がある。また、人類学者の箭内匡氏とフランス文学研究者の塚本昌則氏、鈴木雅雄氏との対談でもDebaene について触れられている。以下を参照。塚本昌則　2019　「「文学としての人文知」研究会第1回　文化人類学と文学：はじめに――〈イメージの人類学〉をめぐって」水声社 blog。(http://www.suiseisha.net/blog/?page_id=11491　最終アクセス日：二〇二一五月三〇日)

＊15　レヴィ＝ストロース、クロード　2000　『親族の基本構造』福井和美訳、青弓社。

＊16　レヴィ＝ストロース、クロード　2001　『悲しき熱帯』〈1〉〈2〉、川田順造訳、中高クラッシクス。

＊17　レリス、ミシェル　2010　『幻のアフリカ』岡谷公二・高橋達明訳、平凡社ライブラリー。

清水高志——主客の相依性が重層化して環界が現成する

大石：清水さんのインタビューは、人類学やフェミニズム研究におけるアイデンティティや主体の議論をイメージしながら読みました。アイデンティティの議論を大雑把に辿ると、従来のアイデンティティは、日本語で「自己同一性」と訳されるように、その人の本質として固定的で単一的なものとして静的に理解されてきました。それが現在では解体されて、そもそも本質的で固定的なアイデンティティなど存在せず、さまざまな文脈や実践のなかで立ち現れるものとして動的に捉えられるようになったと理解しています。例えば、ハラウェイの『猿と女とサイボーグ』やバトラーの『ジェンダー・トラブル』[*18]では「分裂」という言葉が使われていたりします。また、ハラウェイはその後の著書『犬と人が出会うとき』で、人間と動物との関係性に注目しつつ、関係性のなかで、相手との関係性自体も内包しながら生成される主体のありようを示しています。ここでは主体と客体が相互構成的で、生成し続けるという視座が提示されており、インタビューの議論とも接続性があるのではないかと思います。人類学やフェミニズム研究でこうした議論が出てきたのは一九八〇年代頃からだと思うのですが、それと重なる議論が古くからの仏教哲学のなかにあったということには驚きました。英語圏やフィールドにおける思想だけではなく、身近な宗教やアニミズム的な思想から思考することの重要性を感じました。

中江：清水さんの議論は、そのインタビューで完結している印象があり、どう広げていいのかわからないですが、《a》か《非a》のどちらかを取るというような排中律のアポリアを避け、その中間をいかにして考え記述するのかという着眼点に魅力を感じました。インタビュアーの師さんも指摘していましたが、もうひとつ面白いのは仏教の文脈で直感的に捉えられきたナーガールジュナや道元の思想を、ロジックを使って説明しようとするところです。

これは東洋哲学の西洋哲学化ではないかと思えました。つまり、西洋哲学を東洋哲学によって乗り越えるだけではなく、清水さんの思考自体が東洋哲学と西洋哲学の相互包摂になっている印象を受けました。清水さんは相互包摂という言葉をよく用いますが、ここでは環界というものがいかに生成してくるのかというところで相互包摂を持ち出しています。主客の主体と客体が独立してあるのではなく、「相依」的に――つまり互いに依存し合ってるということだと推測しますが――関係しあうことで、折りたたまれるようにして世界が出現してくる。そのようなダイナミックなヴィジョンにとても感銘を受けました。

奥野：いずれもいいまとめだったと思います。マルチスピーシーズ民族誌や環境人文学が、具体的な現実やテクストやアクチュアルな問題に向き合うなかで、記述考察と実践を深めていくのに対して、哲学や仏教思想は、それらの土台に横たわる論理の問題を深く探究します。哲学と仏教がマルチスピーシーズ民族誌や環境人文学を補強する役割を担っているとも見えます。こう言うと、少し道具主義的過ぎるかもしれませんが。確かなのは、哲学者の清水さんと仏教学者の師さんが、お互いの専門の交差を通じて深められる西洋と東洋の哲学的思索は、環境人文学を進めるうえで、他の生物やモノそのもの、人間がそれらとともに生きてきたことの意味や問題を根底から考えるために、欠かせないものだということでしょう。

＊18　バトラー、ジュディス　2018『ジェンダー・トラブル――フェミニズムとアイデンティティの撹乱　新装版』竹村和子訳、青土社。

記号から他者の身体性へと向かう環境人文学

近藤祉秋：大石さんがお話しされていた、エコクリティシズムとマルチスピーシーズ人類学の目指している地平が似ているという点から応答していきます。エコクリティシズム研究者との対話を行う研究会やシンポジウムに参加させていただく度に、よく似た感想を抱いてきました。総論Ⅰで述べたように、人類学は記号としての動物から他者としての動物へと論じられる対象が移ったのですが、エコクリティシズムでも鍵概念となる「交感(correspondence)」の意味が変わってきています。野田研一さんによれば、エコクリティシズムでは、ロマン主義的な「交感」からポストロマン主義的な「交感」へと転回が生じてきたそうです。ロマン主義的な「交感」では、自然界は人間の側に吸収されてしまうものとして考えられていたのに対して、ポストロマン主義的な「交感」では人間性によって必ずしも回収されないような、他者としての動物や自然を考えるようになったとされます。[*19] この変化は、人類学が人間社会内の記号としての動物という見方から離れ、ままならぬ他者としての動物の身体性に議論を向けるようになったことと非常に似ている気がします。これは、今後もエコクリティシズム研究者の方々と話してみたいポイントのひとつです。

中江さんからは、デカルト主義批判を安易にやっていいのかという指摘がありました。最近この話に関連して、英語圏の研究者自身が二元論の乗り越えを目指すようになってきていることも、興味深いと考えています。その動きのなかで、西洋以外の言語での思考の可能性について、これまで以上により真剣に取り組んでいるように感じています。存在論的転回以降の人類学とも関わりが深いアネマリー・モルやアクターネットワーク理論を応用した分析で有名なジョン・ローが *On Other Terms* という論集をまとめました。[*20] これは、英語以外の言語の概念を取り上げて、それを基盤とした社会科学の可能性を考えるという趣旨で編まれています。英語圏で活躍している人類学者自身も、そうした方向で考えはじめているわけです。ヴァンサン・ドゥベーヌのフランス人類学における「第二の本」の話とも関連しますが、まだまだ日本にいる私たちが知らなかったような、それぞれの言語での人類学とか、人類学以外の分野での動向があり、そのような領域との対話をどう進めていくかも、今後重要な論点となると考えています。企画の振り出しに戻るようですが、さまざまな言語や分野の壁を超えて学び続けたいと改めて思いました。

奥野：さて、総論として三回にわたり、第一章から第九章まで、「モア・ザン・ヒューマン」シリーズの九つのインタビュー記事に関して、いくつもの大切な論点が出されたのではないでしょうか。大石友子さんと中江太一さん、近藤祉秋さんとともに語り合ったこの座談会は、最後に特に結論を出すことなく、オープンエンデッドのまま終わります。この先は、それぞれがマルチスピーシーズ民族誌や環境人文学に関わるなかで、考えていくことができればと思っています。また、この記事を読んでいただいた方々に、このシリーズで紹介した領域で、今何がなされようとしているのか、そのイメージと情報が提供できていれば幸いです。

＊19　野田研一　2016『失われるのは、ぼくらのほうだ——自然・沈黙・他者』水声社。
＊20　Mol, Annemarie and John Law (eds.)　2020 “On Other Terms: Interfering in Social Science English.” *The Sociological Review* 68 (2).

あとがき——マルチスピーシーズ人類学から本書を眺望する

ナターシャ・ファイン

英語版の監修を担当して

新型コロナウイルス感染症が世界的にまん延するなかで、世界中の学者たちによる共同研究や情報伝達の方法は変わりました。本書に掲載された九人に対するインタビューは世界の大部分がロックダウンの状態にあった二〇二〇年に実施され、二〇二〇年七月から二〇二一年一月の間にすべてオンライン公開されました（日本語版と英語版の両言語）。

人類学はフィールドワークに基づく学問であり、フィールド、つまり現地に赴くことが物理的に不可能な状況で、調査と共同研究に関する考え方は必然的に変わりました。私自身の活動の中心も、フィールドワークの題材を新たに調査収集することから、以前のフィールドワーク経験についての著述やマルチスピーシーズ研究の現状分析へと向かっています。

私は、奥野克巳、近藤祉秋とともに、オンライン公開された一連のインタビューの英語版の編集に携わりました。私たちは拡大しつつあるマルチスピーシーズ研究を専門とする人類学者コミュニティの一員です。本書の成果は、科研費（科学研究費助成事業）の助成を受けた大規模なプロジェクト「種の人類学的転回：マルチスピーシーズ研究の可能性」の一部です。[*1] 私は光栄にもこのプロジェクトの一環として、ワークショップ（第九回マルチスピーシーズ人類学研究会、二〇一七年一〇月一四日、早稲田大学）への出席を依頼され、海外研究者の一員として国際的なマルチスピーシーズ・環境人文学ネットワークを足場とした研究に携わってきました。

これは日本国内におけるマルチスピーシーズ人類学への関心の高まりと新たに起こりつつある多様な研究について、より深く理解してもらううえでの貴重なものになっています。このインタビュー・プロジェクトに参加している研究者の多くは人類学者ですが、全編は学際的アプローチで構成されており、人類学だけではなくアートやエコクリティシズム、哲学など、幅広い環境人文学を包摂しています。このあとがきでは、私の専門性からマルチスピーシーズ人類学に関する事柄にさらに焦点を合わせることにしたいと思います。

人間‐動物関係の研究とマルチスピーシーズ民族誌

本書のインタビューから明らかなように、ジョン・ナイトは観光客とニホンザルの関わりについて数十年にわたって民族誌的なフィールドワークを実施してきました。彼はイギリスの人類学者のなかでも少数派に属し、そこにはティム・インゴルド（Ingold 2000）もいました。彼らは人間‐動物関係に初めて取り組んだ研究者たちでした。彼らが光を当てたのは、観光客とニホンザル、サーミの牧民とトナカイといった二者間の社会動態論でした。これはアメリカで現れつつあったもうひとつの研究手法とは異なっていました。その手法とは特にカリフォルニア大学サンタクルーズ校を拠点とするダナ・ハラウェイとアナ・チンの大きな影響力を持つ著作によるもので、マルチスピーシーズ民族誌、あるいはマルチスピーシーズ・ストーリーテリングの形をとったものでした。

二〇〇五年にナイトの *Animals in Person* が出版された時、私は既に人間‐動物関係の研究に向かっていました。

同書は人類学者が編集に関わり、主に「モア・ザン・ヒューマン（人間以上）」の存在への文化的取り組みに焦点を合わせた当時では数少ない著作のひとつでした。インゴルド（Ingold 2013）についても言えることですが、ナイトはマルチスピーシーズ民族誌とはあまり関わりを持っていません。しかし、霊長類学の研究を利用してサルの視点を大きく考慮に入れる取り組みを始めました。

コーンの「生命の人類学」の影響力

博士論文を書き上げる間、私はエドゥアルド・コーンの大きな影響力を持つ論文 "How Dogs Dream"（Kohn 2007）を読んだことを覚えています。彼が民族誌学者に「生命の人類学」の考え方を受け入れるよう呼びかけたこと、特に私たち人間と他なる存在との関わり合いを「諸自己の生態学（ecology of selves）」と捉えるアプローチは刺激的でした。社会文化人類学の現在の構造は、私たちが「より広い生命の世界とその世界が人間の在り方に与える変化」（Kohn 2007: 5）について考えることを阻害していると彼は主張します。アマゾン川上流域に住むルナは、「ゥア、ゥア」のようにイヌの吠え声を真似て、自分たちの言葉にイヌが理解しそうな発声を混ぜた種＝横断的ピジン言語を使ってイヌと会話するという記述が同論文にはあります。ちょうどそこを読んでいた時、私は同じような異種間コミュニケーションについてまとめている最中でしたが、私の場合はモンゴルの遊牧民とさまざまな種類の家畜との間のコミュニケーションでした。拙著 *Living with Herds: human-animal coexistence in Mongolia*（Fijn 2011）のなかで、私は特定の発声の伝達と認識をマルチスピーシーズの文化の一形態であると述べました。それによって、

＊1　本書公刊にあたってはJSPS科研費JP17H00949の助成を受けている。

人間とさまざまな種類の動物が同じ「ドムス（domus）」内での共生を通じて互いに社会化されるのです。

コーンの最初の論文とインタビューで触れられている著作 *How Forests Think*（Kohn 2013　日本語訳『森は考える』）はマルチスピーシーズ民族誌とモア・ザン・ヒューマン研究に取り組む人類学者にとって、古典的テキストになっています。近藤宏のインタビューで、コーンは自らの「生命の人類学」に分野を超えた予期しない巡り合わせがあり、**How Forests Think** という交響曲の作曲につながったと語っています。私の研究と似ていますが、コーンはアートと関わることの大切さを強調し、文章という形式以外のコミュニケーションにもオープンです。それは『森は考える』のなかで使われている写真の重要性からもわかります。彼にとって録音は、人々が言葉のなかでイメージを使うことや自然界の音を模倣することに特に注目していました。コーンは人類学における手法として民族誌の重要性を強調しています。民族誌には、特に人間中心主義の観点からの思い込み、つまり長い時間をかけて行われてきた異種の連関形成に関する思い込みを取り除く力があるからです。

ゴヴィンドラジャンとブランシェット、マルチスピーシーズ人類学の新生

ラディカ・ゴヴィンドラジャンがインタビューのなかで指摘したように、マルチスピーシーズ人類学が対象とする領域の幅は広く、これまでの人類学では扱わなかった全く異なる領域に焦点を当てた最新の研究が現れても簡単によそ者扱いしたりしません。ゴヴィンドラジャンとアレックス・ブランシェットの最新の著作はともに人類学系読者の共感を呼んだだけでなく、分野を超えてアニマル・スタディーズ界隈からも注目を集めています。

宮本万里はゴヴィンドラジャンに、インド中部ヒマラヤの五種類の動物に焦点を当てた理由を尋ねました。彼女

の著作 *Animal Intimacies*（2018 以文社より刊行予定）では、各章で異なる動物が取り上げられています。ゴヴィンドラジャンは自らのマルチスピーシーズ民族誌へのアプローチを「批判的な擬人観（critical anthropomorphism）」、つまり他者の立場にある自己を想像しようとする意思だと説明しています。インタビューのなかで、彼女は同書の各章のテーマとして異なる動物を選んだ過程と理由について重要な洞察をいくつかあげています。それぞれの動物は、人々が動物に対して持っている態度の民族誌的事例を詳述するナラティブの手がかりになっています。これは、アナ・チンが、宗教や社会、政治に関する「批判的記述（critical description）」と呼ぶ記述を通して、重要な洞察につながっています。

インタビューのなかでは、インドで品種としてのヨーロッパ産のジャージー牛が地元産のパハリ牛とは対照的なものとして認識されていることや、そのことが人種とカーストというより大きな認識とどのように共鳴し合っているかについて詳しく述べられています。ゴヴィンドラジャンはメルボルン大学のアニマル・スタディーズの学者ヤミニ・ナラヤナンの仕事に関わっています。また、インドにおける種差別、カースト制、人種差別の交差性についても研究しています。「交差性（intersectionality）」は、さまざまな形の抑圧が重なり合っていることと、植民地独立後の清算の必要性を認識するうえで重要な用語となっています。「Black Lives Matter」や「#MeToo 運動」の一環として、ますます多くの周縁化された人々が立ち上がっています。アメリカの移民コミュニティを取り上げたブランシェットの研究はこの動きと共鳴しています。

吉田真理子はアレックス・ブランシェットへのインタビューのなかで、動物の身体的条件とともに変化する人間の労働形態について尋ねました。当初、ブランシェットはマルチスピーシーズ民族誌にあたるものを書くつもりはなかったそうです。しかし、資本主義的な労働搾取と結びついた工業製品としてのブタを知ったことでマルチスピーシーズ人類学と関わる必要性を認識しました。*Porkopolis*（Blanchette 2020）は、養豚の規模を拡大し、この高度に工業化された動物をさらに効率よく屠殺し続けるために人間のコミュニティがどのように変化していったかについて書かれています。ブランシェットは、生産労働者がブタと接触しないようにブタの周囲では画一的に行動するよう求められていることに注目しています。そして最終的には工業型畜産業の脱工業化を呼びかけています。ある意味で、現在の新型コロナウイルス感染症の世界的流行は、ポスト工業化国家がどのようなものになり得るかの一例を示す実験です。人々は全く違った働き方を試すことを余儀なくされています。

マルチスピーシーズ人類学のための感覚的アプローチ

村津蘭による私自身へのインタビューからわかるように、私の研究には自然研究と文化研究の両方の側面だけでなく、文章と組み合わせた映画制作や写真などさまざまな制作のモードが含まれています。このように多様な知識生産の形があることは、ハイブリッドなマルチスピーシーズ・コミュニティのなかで感覚的な、あるいは非言語的なコミュニケーションを成立させるうえで特に重要です。インタビューの最後に村津が指摘しているように、マルチスピーシーズ民族誌は、人類学的概念をさまざま（マルチプル）な方法で成立させ分析することができる「マルチプルな人類学」の一部と見なすことができます。私はまた、映像人類学の論文（Fijn 2019）のなかでこの用語を強調しました。

ここオーストラリアでは、モア・ザン・ヒューマンへの取り組みが高まりを見せつつあり、人類学を超えてアートへと広がっています。新型コロナウイルスが世界を襲う直前の二〇二〇年二月、私はMore-than-Human: the animal in the age of the anthropocene（「モア・ザン・ヒューマン――人新世における動物」）と題する展覧会のキュレーションを共同で行いました。私がこれを書いている時点においても（二〇二一年五月）、シドニー大学を中心に「マルチスピーシーズの共生」をテーマとした建築の展覧会が行われています。また明らかに、日本では美術展の形でモア・ザン・ヒューマンへの関心が高まってきています。石倉敏明はインタビューのなかで共同制作した展示について詳しく語っています。「宇宙の卵」という形で津波神話と卵生神話の歴史を取り上げ、その周りに映像作品と音楽を自動生成するインスタレーションを配置したものでした。人類学者は文章のなかにアートの形式を組み込む実験も行ってきました。例えば、マルチスピーシーズの出版物『たぐい』Vol.2（奥野・近藤編 2020）のなかで、奥野克巳はマンガを制作しています。

マルチスピーシーズ人類学のなかで最近私が注目しているのは、感覚的な関わりと非言語的コミュニケーションです。これには私の映画制作の手法が、データ収集、分析、コミュニケーションのモードとして役に立っています。私の考えでは、他なる存在に行為主体性を持った対象として関わるために、感覚的コミュニケーションへの配慮をマルチスピーシーズ民族誌の中心に置くべきです。ジョン・ハーティガンの最近の著作 *Shaving the Beasts: wild horses and ritual in Spain*（Hertigan 2020）は、これをとても上手く成し遂げています。年に一度、自由に走り回るウマを追い込んでたてがみを刈り、売ることもある行事を、人間の視点から従来の民族誌の形で記述するのではなく、ウマ自身がこの衝撃的な儀式をどのように経験しているのかを詳細に描写するために、彼は動物行動学の手法を学んで利用しています。結果としてマルチスピーシーズの社会理論を新たな方向に進めており、哲学者のドミニク・レステルら（Lestel, Brunois and Gaunet 2006）が早くから提唱してきたハイブリッドな異種間コミュニティ内の民族動物行動学あるいは動物-民族学を、真の意味において支持する内容になっています。

最近私は、モンゴルと比較した日本の流鏑馬の感覚的側面を研究対象に加えました（Fijn 2020、上述の科研費プロジェクトから生まれた研究）。この論文は、ムハンマド・カヴェッシュと私が共同で編集した「マルチスピーシーズ人類学のための感覚的アプローチ」に焦点を合わせる包括的な種をめぐる課題の一部です。人類学者が人間以上の（モア・ザン・ヒューマン）

関わり、結びつき、近縁性の機微をつかみ取ることができるようになるうえで、感覚的かつマルチスピーシーズな人類学がどれほど良い導き手になれるかを示すことができればと思ったのです。感覚を重視することで、マルチスピーシーズ人類学に取り組みたいと考えている将来の研究者は、他なる存在に対象として関わる機会を得ることができます。言語を超えたコミュニケーションを取ることで、異種間の知識生産に向けて、より有意義な方法で取り組むことになります（Fijn and Kavesh 2020）。このことは、文章を使用するだけではなく、多種多様な感覚との関わりを可能にするメディアを探求することで実現可能になります。例えば、映画制作を通じた音響映像素材や文章に合わせた動画イラストレーション、展覧会の枠組みのなかでの触覚、聴覚、動きといったさまざまな感覚を伴うインスタレーションのようなメディアです。

【日本語参考文献】

奥野克巳・近藤祉秋編　2020　『たぐい』Vol.2、亜紀書房。

【欧文参考文献】

Blanchette, Alex　2020　*Porkopolis: American animality, standardized life, and the factory farm*. Duke University Press.

Fijn, Natasha　2020　"Human-horse sensory engagement through horse archery." *TAJA*. (http://doi.org/10.1111/taja.12376)

Fijn, Natasha.　2019　"The multiple being: multispecies ethnographic filmmaking in Arnhem Land, Australia." *Visual Anthropology* 32(5): 383-403.

Fijn, Natasha　2011　*Living with Herds: human-animal coexistence in Mongolia*. Cambridge University Press.

Fijn, Natasha and Muhammad A. Kavesh　2020　“A sensory approach for multispecies anthropology.” *TAJA*.（http://doi.org/10.1111/taja.12379）

Govindrajan, Radhika　2018　*Animal Intimacies: interspecies relatedness in India's Central Himalayas*. University of Chicago Press.

Hartigan, John　2020　*Shaving the Beasts: wild horses and ritual in Spain*. University of Minnesota Press.

Ingold, Tim　2000　*The Perception of the Environment: Essays on Livelihood, Dwelling and Skill*. Routledge.

Ingold, Tim　2013　“Anthropology beyond Humanity.” *Suomen Antropologi: Journal of the Finnish Anthropological Society* 38(3).

Kohn, Eduardo　2007　“How dogs dream: Amazonian natures and the politics of transspecies engagement.” *American ethnologist* 34(1): 3-24.

Kohn, Eduardo　2013　*How forests think: Toward an anthropology beyond the human*. University of California Press.（日本語訳　エドゥアルド・コーン，2016『森は考える――人間的なるものを超えた人類学』奥野克巳・近藤宏監訳，近藤祉秋・二文字屋脩共訳，亜紀書房）

Lestel, Dominique, Florence Brunois and Florence Gaunet　2006　“Etho-ethnology and ethno-ethology.” *Social Science Information* 45(2): 155-177.

Narayanan, Yamini　2019　“‘Cow is a mother, mothers can do anything for their children!’ Gaushalas as landscapes of anthropatriarchy and hindu patriarchy.” *Hypatia* 34(2): 195-221.

装幀・シリーズロゴデザイン：栗原雪彦（ÉKRITS）
クリエイティブディレクション：大林寛（OVERKAST / ÉKRITS）

編者紹介

奥野 克巳 Katsumi Okuno
立教大学異文化コミュニケーション学部教授。北・中米から東南・南・西・北アジア、メラネシア、ヨーロッパを旅し、東南アジア・ボルネオ島焼畑稲作民カリスと狩猟民プナンのフィールドワークを実施。主な著書・共編著に『モノも石も死者も生きている世界の民から人類学者が教わったこと』（亜紀書房、2020年）、『ありがとうもごめんなさいもいらない森の民と暮らして人類学者が考えたこと』（亜紀書房、2018年）、『Lexicon 現代人類学』（以文社、石倉敏明との共編著、2018年）、主な訳書にティム・インゴルド『人類学とは何か』（共訳、亜紀書房、2020年）などがある。

近藤 祉秋 Shiaki Kondo
神戸大学大学院国際文化学研究科講師。専門は文化人類学、アラスカ先住民研究。主な論文に「内陸アラスカ先住民の世界と「刹那的な絡まりあい」: 人新世における自然＝文化批評としてのマルチスピーシーズ民族誌」（『文化人類学』86巻1号、2021年）などがある。主な共編著に『犬からみた人類史』（大石高典・池田光穂と共編著、勉誠出版、2019年）、『人と動物の人類学』（奥野克巳・山口未花子との共編著、春風社、2012年）などがある。

ナターシャ・ファイン Natasha Fijn
オーストラリア国立大学・モンゴル研究所を拠点に活動。専門はマルチスピーシーズ人類学、映像人類学。モンゴルやオーストラリアで、家畜化、マルチスピーシーズ民族誌、人間以上の領域の社会性などをテーマとしてフィールドワークを行ってきた。主な著書に *Living with Herds: Human-Animal Co-existence in Mongolia*（2011）、主な映像作品に *Two Seasons: Multispecies Medicine in Mongolia*（2017）などがある。

シリーズ人間を超える　第1回配本

モア・ザン・ヒューマン
—— マルチスピーシーズ人類学と環境人文学

2021年9月15日　初版第1刷発行
2022年1月20日　初版第2刷発行

編　者　奥野克巳、近藤祉秋、ナターシャ・ファイン
発行者　大　野　真
発行所　以　文　社

〒101-0051 東京都千代田区神田神保町 2-12
TEL 03-6272-6536　FAX 03-6272-6538
http://www.ibunsha.co.jp/
印刷・製本：中央精版印刷

ISBN978-4-7531-0364-5